지금하자!
개념수학 2 연산

강미선 지음 | 이지은 그림

초대하는 글

10년 공부의 기초를 다지는
개념 수학

왜 수학은 갈수록 어려워질까?

여러분, 안녕하세요? 저는 강미선이라고 해요. 여러분과 만나서 정말 반갑습니다. 초등학교 때, 특히 저학년 때는 많은 학생이 수학을 좋아하죠. 하지만 중학교, 고등학교에 다니는 학생들 가운데는 수학을 좋아하는 사람이 많지 않습니다. 그 학생들도 초등학교 때까지는 여러분만큼이나 수학을 좋아했는데 말이에요. 혹시 수학과 관련해 좋지 않은 경험이라도 한 것일까요?

이 책을 읽는 여러분 가운데도 3학년 때까지는 수학을 제법 잘했는데, 4학년 1학기 시험 점수가 뚝 떨어진 사람이 분명히 있을 겁니다. 어떤 대학생이 있는데, 그 학생도 초등학교 3학년 때까지는 100점만 받아서 수학이 가장 쉽다고 생각했대요. 그런데 4, 5학년에 올라가자 아무리 열심히 해도 계속 어려워지기만 하더랍니다.

어떤 중학생은 중학교 수학이 초등학교 수학이랑 전혀 다른 과목처럼 느껴지더래요. 중학교 2학년 2학기부터는 수학에 거의 손을 댈 수가 없어서 '나는 수학에 소질이 없나 보다.' 하고 생각했대요.

또 다른 학생은 어려서부터 줄곧 수학을 무척 잘했어요. 그런데 그게 다였어요. 고등학교에 입학한 뒤부터는 수학이 지긋지긋해서 쳐다보기도 싫더랍니다.

'왜 이런 일이 생기는 걸까, 왜 학년이 올라갈수록 많은 학생이 수학을 어려워하거나 수학에 흥미를 잃는 걸까?' 저는 학생들을 가르치면서 오래도록 이 문제를 고민하고 연구했어요. 제가 내린 결론은, 그 학생들이 수학을 처음 배운 초등학교 때 수학 개념을 터득하기보다는 문제 풀이 연습만 했기 때문이라는 것이었어요.

예를 들어 분수 단원을 처음 배운다고 해 보죠. 분수가 뭔지, 왜 사람들이 분수라는 것을 만들었는지, 분수를 알면 생활에 어떤 도움이 되는지, 분수의 곱셈은 왜 이렇게 하는지……. 궁금한 것, 알아야 할 것이 참 많습니다. 그런데 그런 궁금증을 해결하지 못하고 그저 분수 문제만 푼 것이죠.

그러다 보니 처음에는 아주 간단하고 쉬웠던 것이 뒤로 갈수록 복잡하게 느껴지면서 헷갈리는 거예요. 왜 배우는지, 왜 그런지도 모르면서 기계처럼 문제를 풀고 또 풀다 보니 수학 공부가 어렵고, 싫고, 지겨워지는 건 어쩌면 당연한 일이랍니다.

개념을 알면 수학이 즐겁다

물론 초등학교 때부터 대학생이 될 때까지 계속 수학을 잘하고, 사회에 나가서는 수학적 사고와 기술이 필요한 분야에서 능력을 발휘하며 살아가는 사람들도 아주 많습니다. 그 사람들은 자신이 수학을 즐기며 잘할 수 있었던 이유가, 어려서부터 수학의 개념을 확실히 알아 가며 공부했기 때문이라고 해요. 생각을 깊게 하고 새로 배우는 개념을 차근차근 이해하면서 공부하니까 갈수록 수학이 쉬워졌답니다.

여러분, 수학이 갈수록 어려워지는 이유는 여러분이 수학에 소질이 없기 때문이 결코 아니에요! 그동안 100문제를 풀어야 겨우 한 가지 개념을 알게 되는 방법으로 수학 공부를 했기 때문이에요. 수학은 하나의 개념을 가지고 100가지 문제를 풀어내는 방법으로 공부해야 학년이 올라갈수록 잘할 수 있습니다. 또, 수학의 본모습은 문제 풀이가 아니라 깊이 생각하는 힘을 기르는 것이랍니다. 이런 힘을 '수학적 사고력'이라고 부르죠.

저는 여러분에게 수학이 본래 매우 흥미로운 공부라는 사실을 알려 주고, 오래도록 수학을 즐겁게 잘할 수 있는 튼튼한 디딤돌을 놓아 주고 싶어서 이 책을 썼습니다. 그 디딤돌이란 바로 수학의 기초 개념이에요. 개념이라는 말이 좀 어렵지만, 간단히 말하면 수학을 잘할 수 있도록 돕는 기초 지식과 아이디어 같은 것이에요. 처음 배우는 개념을 확실히 알면 이어지는 다른 개념들도 덩달아 알 수 있기 때문에, 개념을 잘 알면 수학이 쉬워집니다.

《지금 하자! 개념 수학》은 스토리텔링 수학의 붐을 일으킨 《행복한 수학 초등학교》의 내용을 더하고 고친 개정판으로, 여러분의 수학적 힘을 키워 주고, 학년이 올라갈수록 수학이 쉬워지는 행복한 경험을 하게 해 줄 거예요. 이 책을 꼼꼼히 읽으면서 수학의 기초를 닦고, 생각하는 힘도 길러 보세요.

여러분의 행복한 미래를 여는 데 이 책이 길잡이가 되기를 간절히 바랍니다.

2016년 11월

강미선

책의 구성

'지금 하자! 개념 수학' 시리즈는 초등학교부터 고등학교까지 배우는
수학의 전체 영역 가운데서 기본이 되는 것을 체계적으로 정리한 책입니다.

이 시리즈는
모두 4권으로
구성되어 있어요.

수, 연산, 도형,
측정·함수 편이죠.

각 권에는 10개의 장이,
각 장에는 5개의
코너가 있습니다.

스토리텔링 수학

평소 별 생각 없이 스쳐 지나던 순간에서
수학적인 것을 발견하고
멈추어 생각해 보는 코너

학교에서 배운 것을 생활 속에서
다시 깊이 생각해 보는 습관이 몸에 배면
수학도 절로 잘하게 돼요.

이 코너는 수학이 우리 생활과
별 관련이 없다는 오해를 시원히 날려 줄 거예요.

개념과 원리

하나의 수학 개념에도
다양한 의미가 있다는 것을 알아 가는 코너

수학의 개념은 서로 연결되어 있어요.
덧셈, 곱셈, 나눗셈, 분수는 물론 수와 도형,
측정도 다 연결되어 있죠.

중학교, 고등학교 가서도 흔들리지 않도록
처음 배울 때 개념을 정확히 알아 두어야 해요.

창의 융합 사고력

수학 개념이 다른 교과목에서는
어떻게 쓰이는지를 익히는 코너

수학이 체육, 음악, 미술, 과학, 사회 과목에서
어떻게 쓰이는지 알 수 있어요.

> 실제 생활에서 쓰이는 수학 개념을 만나며
> 수학 배우는 이유를 찾을 수 있어요.

톡톡 수학 게임

즐거운 수학 놀이를 할 수 있는 코너

혼자서 공부하면 금방 지루해지죠?
그럴 때 가족, 친구들과 재미있는
게임도 하고 퍼즐도 풀어 보세요.

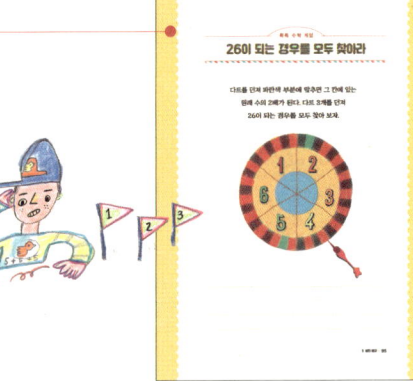

> 수학 게임을 하다 보면
> 창의력과 상상력을 기를 수 있어요.

역사 속 수학

수학 개념의 뿌리를 찾아가는 코너

누가 처음 수학 개념을 만들었는지,
수학 개념은 어떻게 발전해 왔는지를
알아볼 수 있어요.

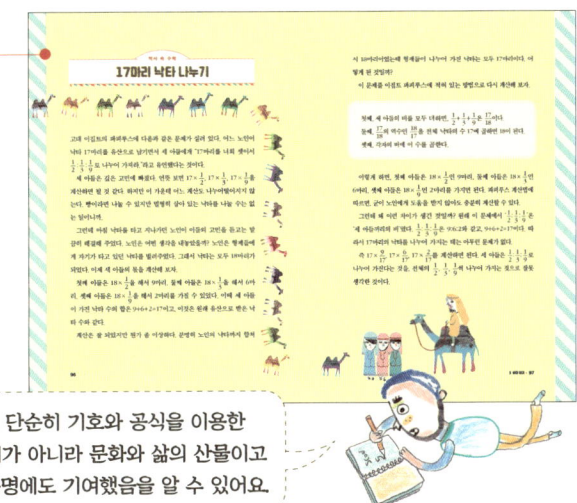

> 수학이 단순히 기호와 공식을 이용한
> 문제 풀이가 아니라 문화와 삶의 산물이고
> 인류의 문명에도 기여했음을 알 수 있어요.

책의 활용법

'지금 하자! 개념 수학' 시리즈는
영역별로 연결해서 공부할 수 있도록 구성되어 있어요.
이 책은 어떻게 활용하는 게 효과적일까요?

 **복습용** 초등학교 수학을 총 정리하고 싶을 때

중학교 입학을 앞둔 6학년 학생

초등학교에서 지금까지 배운 수학을 총 정리할 수 있어요. 중학교 수학이 훨씬 쉬워지겠죠?

술술 읽으며 그동안 배운 수학 개념의 핵심을 단기간에 되짚어 보아요. 어려운 문제를 잔뜩 풀어야 하는 거랑은 달라요.

- **공부 시기**   초등학교 6학년 여름 방학

- **공부 방법 1**   총 40개 단원을 하루에 1단원씩 읽기

- **공부 방법 2**   일주일에 1권씩 읽기

- **공부 방법 3**   하루에 1권씩 읽기

예습용 어렵고 싫어하는 단원을 예습하고 싶을 때

수학에 자신감이 떨어진 수포자 학생

어렵고 싫어하는 단원 때문에 수학에 손을 놓았었는데 이 책으로는 취약한 수학 영역을 집중해서 공부할 수 있어요.

재미있는 스토리와 자세한 설명이 있어서 교과서로 볼 때 몰랐던 개념을 알게 되고 수학의 모든 영역에 골고루 흥미가 생겨요.

- **공부 시기**   학기 중에 교과서에서 새 단원이 시작될 때
- **공부 방법**   교과서 단원과 관련된 권을 골라 하루에 1단원씩 읽기

교과서 병행용 학교에서 배운 단원을 좀 더 알고 싶을 때

수학을 꼼꼼히 알고 싶은 전 학년 학생

한꺼번에 이 책을 다 읽기 부담스러우면 교과서 곁에 늘 두고 관련 단원별로 찾아서 그때그때 읽어요.

숨어 있는 수학의 개념을 차곡차곡 꼼꼼히 쌓기에 좋아요.

- **공부 시기**   오늘 배운 단원을 더 공부하고 싶을 때
- **공부 방법**   책의 맨 뒤에 있는 수학 개념 연결 트리를 확인하고 학교에서 배운 단원을 찾아서 읽기

차례

초대하는 글 — 4

책의 구성 — 8

책의 활용법 — 10

1 ———— 곱셈

스토리텔링 수학	반의 반값의 속뜻은?	18
개념과 원리	곱셈이란 무엇일까?	20
창의 융합 사고력	규칙을 찾아라	31
역사 속 수학	가장 오래된 수학 책, 아메스 파피루스	32

2 ———— 나눗셈

스토리텔링 수학	헷갈리는 계산법	36
개념과 원리	나눗셈이란 무엇일까?	38
창의 융합 사고력	$12 \div \frac{1}{2}$을 구하는 문제를 만들어라	47
역사 속 수학	고대 이집트의 나눗셈	48

3 ──── 혼합 계산

스토리텔링 수학	생각의 차이	52
개념과 원리	혼합 계산은 순서가 중요하다	54
창의 융합 사고력	남은 에너지는 얼마일까?	61
역사 속 수학	계산하기 편한 인도-아라비아 숫자	62

4 ──── 약수와 배수

스토리텔링 수학	약수와 배수의 관계	66
개념과 원리	약수와 배수란 무엇일까?	68
창의 융합 사고력	빈칸의 수는?	79
역사 속 수학	피타고라스와 약수	80

5 ──── 비와 비교

스토리텔링 수학	4:0과 8:0의 차이	84
개념과 원리	비란 무엇일까?	86
창의 융합 사고력	그래프와 비의 관계는?	94
톡톡 수학 게임	26이 되는 경우를 모두 찾아라	95
역사 속 수학	17마리 낙타 나누기	96

6 ──── 비

스토리텔링 수학	비는 특별한 관계	100
개념과 원리	비와 비율	102
창의 융합 사고력	15세 미만 인구의 비율을 구하라	110
톡톡 수학 게임	사람이 몇 명 필요할까?	111
역사 속 수학	세상에서 가장 아름다운 비율, 황금비	112

7 ──── 비율 표현하기

스토리텔링 수학	40‰의 비밀	116
개념과 원리	비율을 나타내는 방법	118
창의 융합 사고력	이익은 얼마일까?	126
톡톡 수학 게임	주사위의 눈은 몇일까?	127
역사 속 수학	퍼센트와 할푼리의 유래	128

8 ──── 비례식과 함수

스토리텔링 수학	맛과 비율의 관계는?	132
개념과 원리	비례식, 그리고 함수	134
창의 융합 사고력	재료의 양을 계산하라	142
톡톡 수학 게임	모두 무사히 강을 건너려면?	143
역사 속 수학	지팡이로 피라미드의 높이를 재다	144

9 ─── 확률

스토리텔링 수학	더할 때와 곱할 때	148
개념과 원리	경우의 수와 확률	150
창의 융합 사고력	경우의 수는 모두 몇 가지?	157
역사 속 수학	도박을 좋아한 수학자 카르다노	158

10 ─── 비와 확률

스토리텔링 수학	로또 당첨 확률	162
개념과 원리	비와 확률의 관계	164
창의 융합 사고력	5가 나올 확률은?	169
역사 속 수학	천재 수학자 파스칼	170

정답 및 해설 - 172

수학 개념 연결 트리 - 182

1 곱셈

곱셈의 기초 공식 하면 누구나 가장 먼저 구구단을 떠올린다.

구구단은 구구법이라고도 하는데, 1에서 9까지의 정수 가운데

두 수를 곱한 결과를 기억하기 쉽게 만든 것이다.

만약 구구단이 없다면, "한 상자에 12개씩 사과가 들어 있는

상자가 15개 있다면 사과는 모두 몇 개입니까?" 같은

문제를 푸는 데도 시간이 꽤 걸릴 것이다.

구구단은 중국에서 예부터 쓰였다. 최근 둔황에서 출토된

한나라 때의 책에도 구구단이 기록되어 있는데,

이 구구단은 9단의 '구구 팔십일'부터 시작한다.

초등 2-1, 2-2	초등 3-1, 3-2	초등 4-1	초등 5-1, 5-2
곱셈, 곱셈구구	곱셈	곱셈과 나눗셈	분수의 곱셈, 소수의 곱셈

스토리텔링 수학

반의 반값의 속뜻은?

송이는 저녁 늦게 엄마와 함께 대형 마트에 갔다. 때마침 매장 문을 닫을 시간이라 여기저기서 식품을 싸게 판다고 시끌벅적했다. 그때 송이의 귀를 솔깃하게 하는 소리가 들렸다.

"곧 마감 시간입니다. 오늘 만든 즉석 어묵을 반의 반값에 드립니다. 자, 어서들 오세요."

송이가 무를 고르는 엄마의 팔을 잡아당기며 말했다.

"엄마, 방금 한 말 들었어요? 어묵을 공짜로 준대요!"

"뭐라고? 얘는…… 공짜로 주는 게 어딨니?"

엄마는 시큰둥한 반응을 보이며 계속 무만 뒤적거렸다.

이때 또다시 어묵을 싸게 판다는 외침이 매장 안에 울려 퍼졌다.
"자, 어서들 오셔서 사 가세요. 오늘 만든 즉석 어묵이 반의 반값입니다!"
송이는 고개를 갸우뚱거렸다.
'반을 깎아 주고 또 반을 깎아 주면 공짜 아닐까?'
엄마는 무 1개를 집어 들며 말씀하셨다.
"아니, 무 값이 이렇게나 많이 올랐담? 작년엔 재작년의 2배로 오르더니 올해엔 작년의 3배로 올랐으니…… 나 참, 기가 막혀서!"
옆에서 잠자코 있던 송이가 물었다.
"그럼 재작년 값의 5배로 오른 거죠?"
"뭐? 5배가 아니라 6배로 오른 거지."
"어? 이상하네."

송이는 '50% 할인+50% 할인=100% 할인'으로 이해했다. 그래서 공짜로 준다고 생각했다. 하지만 1만 원 하는 어묵을 반액 할인하면 5000원이고, 5000원짜리를 또 반액 할인하면 2500원이다.

이번엔 엄마가 산 무를 보자. 재작년의 무 1개 가격을 1000원이라고 하자. 재작년에 1000원이었던 무가 2배로 올랐으니 작년의 무 값은 1개에 2000원이었다. 그리고 올해 또 3배로 올랐으므로 지금은 무 1개가 6000원이다. 따라서 재작년부터 따지면 1000원짜리가 6000원이 되었으므로 결국 6배 오른 것이다. 하지만 송이는 '2배+3배=5배'라고 생각했다. 이럴 때는 덧셈(2+3)이 아니라 곱셈(2×3)을 해야 한다.

개념과 원리

곱셈이란 무엇일까?

곱셈의 세 가지 개념

덧셈에서 발전한 곱셈에는 다음 세 가지 개념이 있다.

자연수 묶어세기와 뛰어세기

묶음의 크기를 똑같게 해서 묶어세거나 뛰어셀 때, 덧셈을 곱셈으로 나타낼 수 있다.

예를 들어 사과 4개의 값이 얼마인지 구한다고 해 보자. 이때 사과 1개의 가격이 서로 다르면 각각의 값을 더할 수밖에 없다. 그러나 만약 값이 똑같다면 사과 1개의 값을 구해서 4를 곱하면 된다.

이처럼 덧셈을 곱셈으로 나타내려면 그 값이 같아야 한다.

19+18+11처럼 크기가 다른 수의 덧셈은 곱셈으로 나타낼 수 없지만 12+12+12+12는 곱셈으로 나타낼 수 있다.

$$12+12+12+12=12\times 4=48$$

또 3칸, 4칸, 5칸을 건너뛰는 것은 곱셈으로 나타낼 수 없지만 똑같이 4칸, 4칸, 4칸을 건너뛰는 것은 4×3으로 나타낼 수 있다.

$$4+4+4=4\times 3=12$$

같은 수끼리의 덧셈

자연수 묶어세기나 뛰어세기를 할 때는 곱하는 수가 자연수여야 한다. 그럼 자연수의 덧셈만 곱셈으로 나타낼 수 있는 것일까? 반드시 그렇지는 않다.

예를 들어 피자 가게에서 피자 한 판을 8조각으로 가른 조각 피자를 5개 팔았다면, 팔린 피자의 크기는 분수이지만 곱셈으로 나타낼 수 있다.

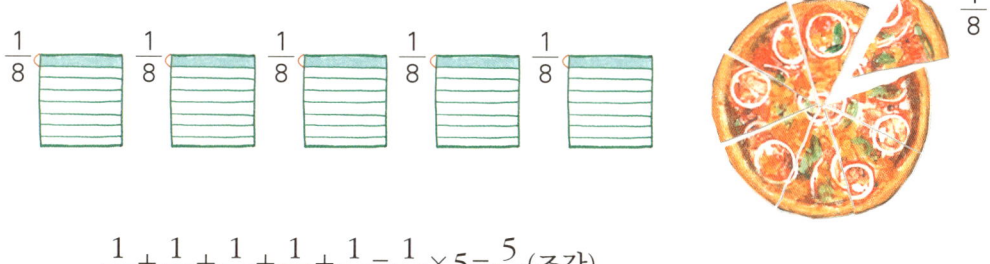

$$\frac{1}{8}+\frac{1}{8}+\frac{1}{8}+\frac{1}{8}+\frac{1}{8}=\frac{1}{8}\times 5=\frac{5}{8}\text{(조각)}$$

0.5L짜리 음료수 3병이 팔렸다면, 팔린 음료수의 양은 다음과 같다.

$$0.5+0.5+0.5=0.5\times3=1.5(L)$$

이처럼 분수와 소수도 크기가 같은 수끼리 더할 때는 곱셈으로 나타낼 수 있다.

넓이

$\frac{1}{5}\times3$이 $\frac{1}{5}$을 3번 더한 것이라면, $\frac{1}{3}\times\frac{1}{5}$은 $\frac{1}{3}$을 $\frac{1}{5}$번 더한 걸까? 또 0.8×1.2는 0.8을 1.2번 더한 걸까?

분수×분수, 소수×소수 등의 곱셈에는 넓이 개념이 들어 있다.

가로와 세로가 각각 1인 정사각형의 넓이를 1이라고 보면 $\frac{1}{4}\times\frac{1}{5}$인 사각형의 넓이는 한 변이 1인 정사각형 넓이의 $\frac{1}{20}$이다. 따라서 직사각형의 '넓이'가 '곱'이 된다.

소수는 분수로 바꿀 수 있으므로 소수 곱셈도 결국은 분수 곱셈이라고 할 수 있다. 0.1×0.1은 0.1을 분수로 바꾸면 쉽게 계산할 수 있다.

$$0.1\times0.1=\frac{1}{10}\times\frac{1}{10}=\frac{1}{100}=0.01$$

또한 1.2×0.8은 다음과 같이 계산하면 된다.

$$1.2 \times 0.8 = \frac{12}{10} \times \frac{8}{10} = \frac{96}{100} = 0.96$$

1.2에 1보다 작은 수 0.8을 곱하면 그 결과는 0.96이다. 이처럼 분수나 소수 곱셈에서 어떤 수에 1보다 작은 수를 곱하면 그 결과는 항상 처음의 어떤 수보다 작아진다.

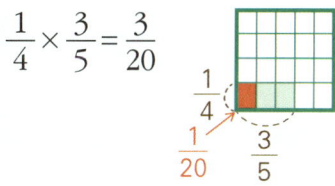

전체 칸은 20개이고, 색칠된 칸은 3개이다.

전체 칸은 15개이고, 색칠된 칸은 8개이다.

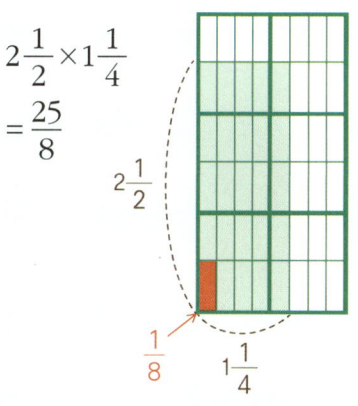

$\frac{1}{8}$이 25개 색칠되어 있다.

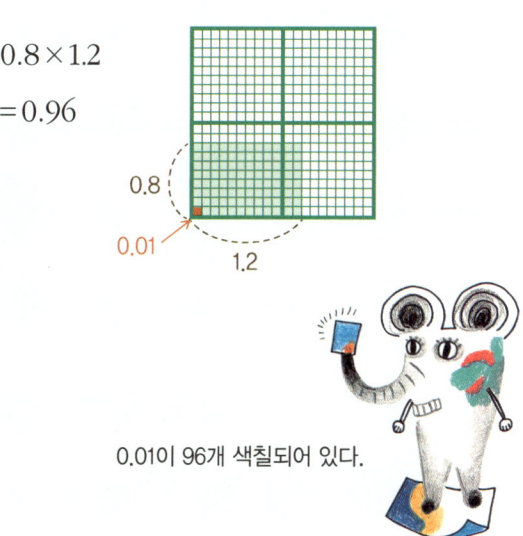

0.01이 96개 색칠되어 있다.

곱셈의 일곱 가지 성질

곱셈은 다음과 같은 여러 성질을 갖는다.

어떤 수에 1을 곱하면 어떤 수 그대로이다

$$\frac{1}{3} \times 1 = \frac{1}{3} \qquad 1 \times \frac{1}{3} = \frac{1}{3}$$

가로와 세로가 바뀌어도 직사각형의 넓이는 변함없다.

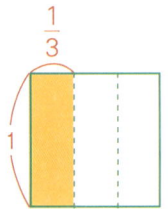

어떤 수에 0을 곱한 결과는 항상 0이다

$0 \times \frac{2}{3}$는 0의 $\frac{2}{3}$배이다. 기준이 0이므로 결과도 0이다. $\frac{2}{3} \times 0$은 $\frac{2}{3}$를 0번 더한다는 뜻이다. 이는 더하지 않은 것과 같으니 그 결과는 0이다.

순서를 바꾸어 곱해도 결과는 항상 같다

곱하는 순서가 달라도 전체 수는 변하지 않으므로, 곱한 순서에 상관없이 그 결과는 같다. 즉, 두 수를 서로 바꾸어 곱해도 그 곱은 같다.

$$3 \times 4 = 4 \times 3 \qquad\qquad 2 \times 6 = 6 \times 2$$

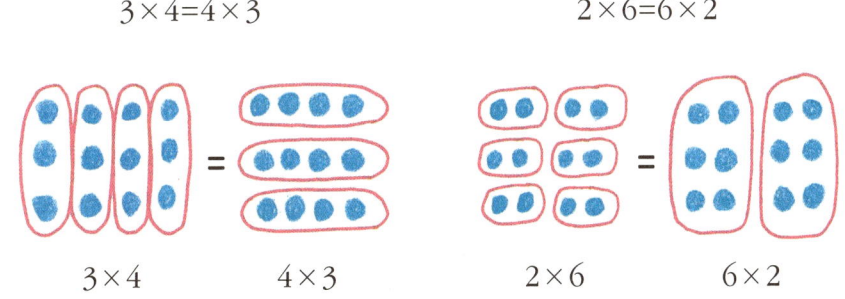

묶음을 바꾸어 곱해도 결과는 같다

여러 수의 곱셈에서도 곱하는 순서에 관계없이 그 결과가 항상 같다.
2씩 3묶음을 만들고 이런 묶음들이 4묶음 있으면 24이다.
4씩 2묶음을 만들고 이런 묶음들이 3묶음 있어도 24이다.

$$(2 \times 3) \times 4 = 2 \times (3 \times 4)$$

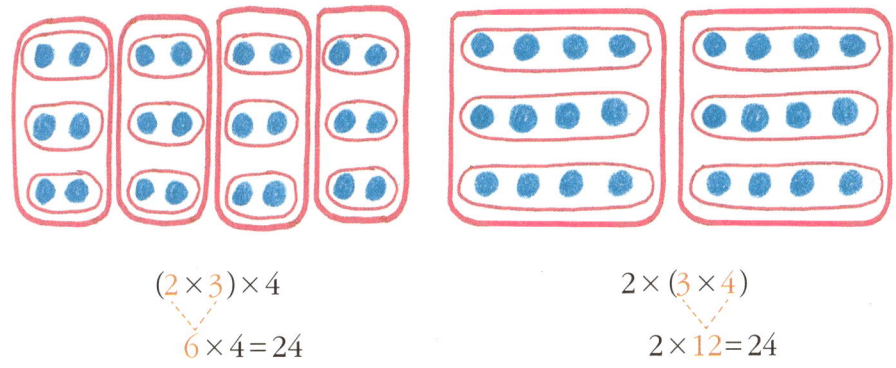

갈라서 곱한 후 더하면 편리하다

가로 23m, 세로 17m인 직사각형 모양의 땅의 넓이를 구하려면 23×17을 해야 한다. 이때 다음 그림처럼 땅을 갈라서 각각 넓이를 구한 뒤 서로 더하면 쉽게 계산할 수 있다. 이것을 분배 법칙이라고 한다.

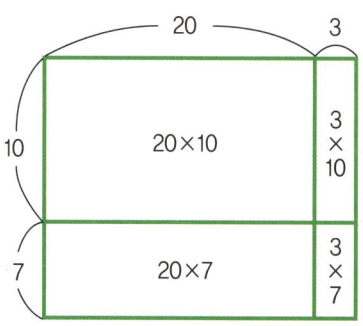

$$23\times17=20\times10+3\times10+20\times7+3\times7=391$$

곱셈은 나눗셈을 거꾸로 계산한 것이다

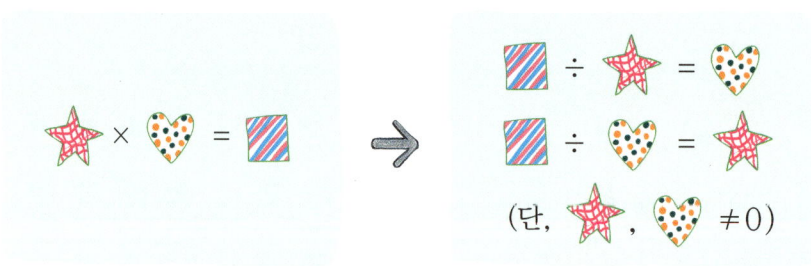

'단, ★, ♥ ≠0'에 주목하자. 나누는 수는 0이 될 수 없다.

3씩 4번 뛰어세기를 한 결과는 12이다.

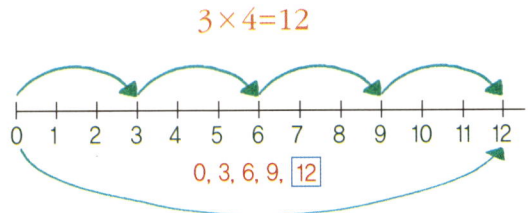

12에서 3씩 거꾸로 뛰어세기를 하여 0에 닿으려면 4번을 뛰어야 한다.

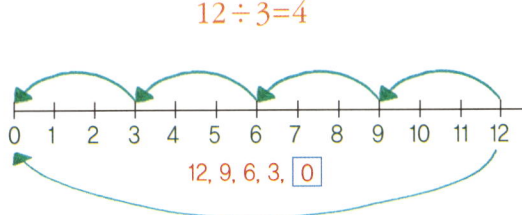

10배 하면 한 자리씩 앞으로 이동한다

어떤 수를 10배 하면 그 수가 10배로 커져서 자리가 한 자리씩 앞(왼쪽)으로 이동한다.

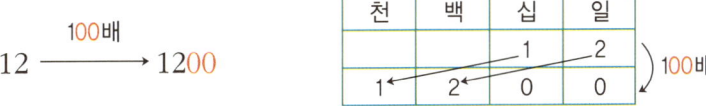

어떤 수를 100배 하면 그 수가 100배로 커져서 자리가 두 자리씩 앞(왼쪽)으로 이동한다.

0.1배 하면 한 자리씩 뒤로 이동한다

어떤 수를 0.1배 하면 그 수가 $\frac{1}{10}$배로 작아져서 자리가 한 자리씩 뒤(오른쪽)로 이동한다.

$$12 \xrightarrow{0.1배} 1.2$$

십	일	소수 첫째
1	2	
	1	2

어떤 수를 0.01배 하면 그 수가 $\frac{1}{100}$배로 작아져서 자리가 두 자리씩 뒤(오른쪽)로 이동한다.

$$12 \xrightarrow{0.01배} 0.12$$

십	일	소수 첫째	소수 둘째
1	2		
	0	1	2

예를 들어 20 × 300은 2와 3을 곱한 다음 0을 3개 붙이면 된다.
0.2 × 0.03은 2와 3을 먼저 곱하고 소수점을 찍으면 된다.
왜냐하면 곱셈은 순서를 다르게 해도 결과가 같기 때문이다.

20×300
$= (2 \times 10) \times (3 \times 100)$
$= 2 \times 3 \times 10 \times 100$
$= 2 \times 3 \times 1000$
$= 6 \times 1000$
$= 6000$

0.2×0.03
$= (2 \times 0.1) \times (3 \times 0.01)$
$= 2 \times 3 \times 0.1 \times 0.01$
$= 6 \times \frac{1}{10} \times \frac{1}{100}$
$= 6 \times \frac{1}{1000}$
$= 0.006$

여러 가지 곱셈법

묶어세기법

736×143은 736을 143번 더하는 것과 같다. 어떤 수를 143번 더한다는 것은 100번 더하고, 40번 더하고, 3번 더한다는 것이다.

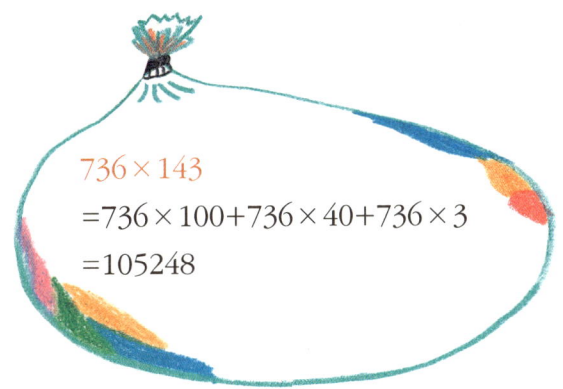

736×143
=736×100+736×40+736×3
=105248

대각선법

1478년 이탈리아에서 만들어진 최초의 수학 책 《슈마(Suma)》에는 곱셈을 계산하는 방법이 나와 있다. 이 방법을 '창살무늬법'이라고 불렀는데, 베네치아 사람들이 창문의 창살 모양처럼 생긴 칸에 수를 써 계산했기 때문이다. 각 칸에 있는 수를 곱해 써 넣을 때 대각선을 기준으로 해서 10의 자리 수는 위에, 일의 자리 수는 아래에 썼다.

세로셈법

세로셈은 앞에서 본 두 가지 방법보다 훨씬 간편한 곱셈법이다. 세로 덧셈이나 세로 뺄셈은 줄을 맞춰 계산한다. 하지만 세로 곱셈은 아래 줄로 내려갈수록 한 칸씩 왼쪽으로 옮겨 써야 한다.

왜냐하면 세로 곱셈에서는 끝자리에 들어가는 0을 생략하기 때문이다. 0을 생략하고 자릿값을 맞춰 쓴 것이 마치 옆으로 한 칸씩 이동한 것처럼 보이는 것이다.

$$\begin{array}{r} 736 \\ \times\ 143 \\ \hline 2208 \\ 29440 \\ 73600 \\ \hline 105248 \end{array}$$

← 736 × 3
← 736 × 40
← 736 × 100

창의 융합 사고력

규칙을 찾아라

111×111=12321이고,

11111×11111=123454321이고,

111111111×111111111=12345678987654321이다.

그렇다면 11111111111×11111111111도 이 규칙을 따를까?

만약 그렇지 않다면 그 이유는 무엇인지 간단히 써 보자.

역사 속 수학

가장 오래된 수학 책, 아메스 파피루스

나일 강이 있는 이집트에서는 기원전 약 7000년 무렵에 도시가 생겨나면서 문명의 꽃을 피우기 시작했다. 사람들은 농사를 짓는 데 필요한 물이 풍부한 나일 강을 따라 정착했다. 나일 강은 해마다 우기가 되면 강물이 범람해서 여러 가지 문제를 일으키기도 했지만, 넘친 물은 땅을 비옥하게 했다. 나일 강 유역에는 우리나라 강가에서 많이 자라는 갈대와 같은 식물이 많았는데, 이 식물을 '파피루스'라고 불렀다. 이집트 사람들은 이 파피루스에 여러 기록을 남겼다.

지금까지 발견된 파피루스 중 가장 유명한 것은 역사 기록가 아메스(Ahmes)가 쓴 파피루스, 즉 '아메스 파피루스'이다. 1858년 영국의 고고학자 린드(Henry Rhind)가 이집트의 도시 근처에서 발견해서 '린드 파피루스'라고 하기도 한다. 이는 길이가 약 550cm나 되어서 둘둘 말아 사용했으며 지금은 영국박물관에 소장되어 있다.

파피루스의 제작 과정

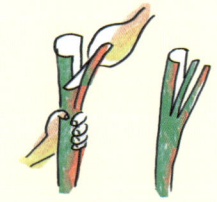
파피루스 줄기를 잘라내 같은 크기로 얇게 자른다.

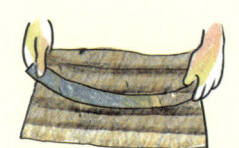
물에 적신 파피루스 줄기를 펼쳐 놓고, 그 위에 파피루스 줄기를 또 얹는다.

두 겹의 파피루스 줄기가 서로 잘 붙도록 망치로 두들긴다.

겉이 반들반들해진 파피루스를 잘 말린다.

아메스 파피루스

아메스 파피루스에는 고대 이집트 수학에 관한 매우 귀중한 정보가 담겨 있다. 이 책은 글을 읽고, 쓰고, 계산할 줄 알았던 당시의 학자들을 지도하기 위한 하나의 수학 교과서였으며, 덧셈과 뺄셈은 물론 곱셈과 나눗셈, 자연수와 분수를 포함한 여러 가지 계산법이 설명되어 있다.

그런데 왜 이집트 사람들에게 수학 교과서가 필요했을까? 이집트 사람들은 나일 강의 홍수가 시작될 시기를 미리 알아야 했고, 나일 강을 다스리기 위해 운하를 파고 둑을 쌓는 데 필요한 수학 지식도 알아야 했다. 이집트에서 수학은 생활이었던 것이다.

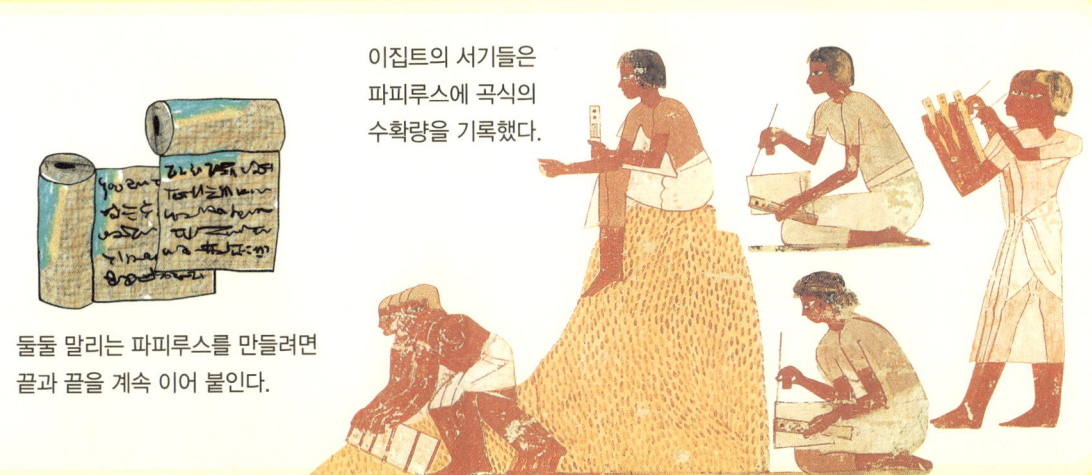

이집트의 서기들은 파피루스에 곡식의 수확량을 기록했다.

둘둘 말리는 파피루스를 만들려면 끝과 끝을 계속 이어 붙인다.

2 나눗셈

나눗셈은 분수와 가깝다. 나눗셈도 분수와 마찬가지로 '똑같이 나누기'에서 출발했기 때문이다.

9÷3은 '사과 9개를 3명이 똑같이 나눠 먹으려면 각각 몇 개씩 먹어야 할까?' 하는 의문에서 나온 계산이다.

나눗셈은 곱셈과도 가깝다. 48÷4=☐라는 문제의 답을 12라고 적었을 때, 답이 맞는지를 쉽게 알아보려면 4×12가 48인지를 확인해 보면 된다. 반대로 33×3=☐라는 곱셈 문제의 답을 99라고 적었을 때, 계산이 맞았는지를 알려면 99÷3이 33인지를 확인해 보면 된다.

나눗셈의 검산은 곱셈으로, 곱셈의 검산은 나눗셈으로!

초등 3-1, 3-2	초등 4-1	초등 6-1	초등 6-1
나눗셈	곱셈과 나눗셈	분수의 나눗셈	소수의 나눗셈

스토리텔링 수학

헷갈리는 계산법

희수 생일 전날, 엄마와 희수가 생일 파티 준비에 대해 이야기를 나누고 있다.

"희수야, 내일 친구들이 몇 명이나 올 것 같니? 요구르트를 10개 사면 너무 많이 남지 않을까?"

"글쎄요. 2명이 오면 저까지 해서 3명이니까, 3명이 3개씩 먹으면 1개가 남네요. 나머지 1개는 엄마 드세요."

"으이구, 이 녀석아. 한꺼번에 많이 먹으면 배탈 나. 일단 10개를 살 테니 각자 1개씩만 먹고, 나머지 7개는 냉장고에 넣어 두자꾸나."

"네. 그럼 7개 남으니까 나머지는 7. 엄마, 만약 3명이 2개씩 나누어 먹으면 3÷2라고 하는 거죠?"

희수의 말에 엄마는 화들짝 놀랐다.

"그게 말이 되니? 왜 나누기를 해, 곱하기를 해야지!"

"어제 푼 문제 가운데 '과자 10개를 5명이 나누어 먹으려고 한다. 한 사람당 몇 개씩 먹을 수 있을까?'라는 것도 10÷5를 했잖아요."

어처구니없어 하는 엄마를 희수는 말똥말똥 쳐다볼 뿐이었다.

언뜻 생각하기에는 10개의 요구르트 가운데서 7개가 남았으므로 '10 나누기 3의 몫은 1이고 나머지는 7'일 것 같다. 하지만 수학에서는 10을 3으로 나눈다면 최대 몫인 3을 '몫'이라 하고, 이때 남은 수 1을 '나머지'라고 한다.

'6명에게 과자를 3개씩 나누어 주려고 한다. 필요한 과자는 모두 몇 개인가?'라는 문제가 있다고 하자. 이 문제의 답을 구하려면 6×3을 해야 하는데, 엉뚱하게 6÷3을 하는 사람이 있다. '나누어 준다'고 했으니까 나누기를 해야 한다고 착각하는 것이다. 하지만 '~씩' 나누어 줄 때는 나눗셈이 아니라 곱셈을 해야만 전체의 수를 구할 수 있다.

개념과 원리
나눗셈이란 무엇일까?

나눗셈의 세 가지 개념

"여러분, 나눗셈이 뭘까요?"

"똑같이 나누는 거요!"

"맞아요, 연필 12자루를 3명에게 나누어 준다거나 뭐 그런 거요."

"답은 간단해요. 12 나누기 3은 4."

그럼, $\frac{1}{3} \div \frac{1}{4}$은 어떻게 계산할까? $\frac{1}{3}$개의 사과를 $\frac{1}{4}$명에게 똑같이 나누어 주는 걸까? 분수 나눗셈은 자연수 나눗셈과 다른 의미를 가질 때가 있다.

나눗셈에는 세 가지 개념이 있다.

똑같은 양으로 가르기 - 등분제

5÷4를 해 보자. 5자루의 연필을 4명이 똑같이 나누어 가지려면, 연필을 부러뜨리지 않는 한 나머지가 생길 수밖에 없다.

$$5 \div 4 = 1 \cdots 1$$

하지만 나머지 없이 나눌 수도 있다.

5개의 음료수를 4명이 나머지 없이 똑같이 나누어 가지려고 한다. 어떻게 나누어야 할까?

$5 \div 4 = 1\frac{1}{4}$이므로 위의 그림처럼 1병과 $\frac{1}{4}$병씩 가질 수도 있다.
또 $5 \div 4 = \frac{5}{4} = 5 \times \frac{1}{4}$이므로 다음 그림처럼 각각 $\frac{1}{4}$병씩 5만큼 가질 수도 있다.

나눗셈 문제에서는 나머지를 구해야 하는 것인지, 아니면 분수로 나타내도 되는 것인지 잘 판단해야 한다.

똑같은 양씩 덜어 내기-포함제

$\frac{3}{4} \div \frac{2}{7}$는 어떻게 계산하면 좋을까?

이 문제를 $\frac{3}{4}$L를 $\frac{2}{7}$L씩 똑같이 덜어 내는 문제로 생각해 보자.

두 분수의 분모(단위)가 서로 다를 때는 분모를 똑같게 한 다음에 계산하면 된다.

$\frac{3}{4}$은 $\frac{21}{28}$과 같고, $\frac{2}{7}$는 $\frac{8}{28}$과 같으므로 $\frac{3}{4} \div \frac{2}{7} = \frac{21}{28} \div \frac{8}{28}$과 같다.

$\frac{21}{28}$L에서 $\frac{8}{28}$L씩 덜어 내면 몇 번 만에 다 덜어 낼 수 있을까? 곧 21에서 8을 몇 번 덜어 낼 수 있느냐는 질문과 같다.

따라서 다음과 같이 계산할 수 있다.

$$\frac{3}{4} \div \frac{2}{7} = \frac{21}{28} \div \frac{8}{28} = 21 \div 8 = \frac{21}{8} = 2\frac{5}{8}$$

곱셈을 거꾸로 계산한 것

나눗셈은 사칙 계산, 즉 덧셈, 뺄셈, 곱셈, 나눗셈 가운데 하나이다. 나눗셈은 곱셈을 거꾸로 한 것이다.

2×3은 6이므로 6÷3은 2가 되고, 3×7이 21이므로 21÷7은 3이다. 분수 나눗셈도 마찬가지다. 예를 들어 다음 곱셈에서 ■는 나눗셈 식의 ■와 같은 수이다.

$$11 = \frac{1}{3} \times \blacksquare \leftrightarrow 11 \div \frac{1}{3} = \blacksquare$$

$\frac{1}{3}$의 3배는 1이고, 11은 1의 11배이므로 11은 $\frac{1}{3}$의 33배가 된다.

$$11 = \frac{1}{3} \times 33 \leftrightarrow 11 \div \frac{1}{3} = 33$$

이처럼 $11 = \frac{1}{3} \times \blacksquare$을 알면, 자연스럽게 $11 \div \frac{1}{3} = \blacksquare$도 구할 수 있다. $18 \div \frac{3}{5}$도 풀어 보자. 복잡한 계산처럼 보이지만 원리는 같다.

$$18 \div \frac{3}{5} = \blacksquare \leftrightarrow 18 = \frac{3}{5} \times \blacksquare$$

$\frac{3}{5}$의 5배는 3이다. 그리고 18은 3의 6배이다. 따라서 18은 $\frac{3}{5}$의 30배이다.

$$18 \div \frac{3}{5} = 30 \leftrightarrow 18 = \frac{3}{5} \times 30$$

A÷B가 C라면, B에다 C를 곱하면 A가 되므로, 곱셈과 나눗셈은 서로 거꾸로 관계에 있다. 이 관계는 언제나 성립하지만, 나누는 수가 0일 때만은 제외해야 한다.

만약 3÷0을 0이라 하면 0×0이 3이 되므로 맞지 않고, 3÷0을 3이라 하면 0×3이 3이 되므로 말이 되지 않는다.

한편, 3×0은 0이므로 0÷3은 0이다. 0을 3이나 어떤 다른 수로 나눌 수는 있다. 그리고 2×0도 0이고, 3×0도 0이고, 77×0도 0이다.

따라서 0÷0은 2도 되고, 3도 되고, 77도 되고…… 끝이 없다. 그래서 어떤 수를 0으로 나누면 답을 하나로 정할 수가 없다.

나눗셈 계산하기

나눗셈에서 나머지를 구할 때 몫은 항상 자연수여야 한다. 그런데 몫이란 무엇일까? 몫은 '여럿으로 나누어 가지는 각 부분'이다. 수학에서 말하는 몫에는 특별한 뜻이 담겨 있다. 다음 문제를 보자.

83개의 과자를 24명에게 똑같이 나누어 준다면 한 사람에게 몇 개씩 줄 수 있을까?

이 문제에선 83÷24의 몫을 구해야 한다. 몫이 4라고 생각해 보자. 24명에게 4개씩 나누어 줄 때 필요한 개수는 96개이다. 하지만 과자는 83개밖에 없으므로 4개씩 나누어 줄 수 없다. 한 사람에게 나누어 줄 수 있는 과자의 최대 개수는 3이다. 이 '3'을 몫이라고 한다. 83개의 과자를 24명에게 똑같이 나누어 줄 때, 한 사람에게 1개씩만 준다면 59개가 남는다. 하지만 이것은 한 사람이 가질 수 있는 최대 개수가 아니므로 나머지가 될 수 없다. 나머지는 0보다 크거나 같고, 나누는 수보다 작아야 한다.

그럼 나눗셈은 어떻게 계산할까? 물론 암산으로 할 수도 있지만, 세로 나눗셈을 하면 수가 커도 쉽게 계산할 수 있다. 세로 나눗셈은 나눗셈 계산을 하는 가장 효과적인 방법이다. 그러나 **나누는 순서를 바꾸면 몫이 달라진다**는 점에 주의해야 한다.

12÷4는 3이다. 하지만 순서를 바꾸어 4÷12를 하면 몫은 $\frac{4}{12}$, 즉 $\frac{1}{3}$이다. 곱셈은 순서를 바꾸어도 결과가 같지만, 나눗셈은 순서를 바꾸면 결과가 달라지기 때문에 순서를 바꾸어서 계산하면 안 된다.

$378 \div 4$

```
    4 ) 3 7 8
```

→
```
     ?
  4 ) 3 ▲ ▲
```
3▲▲를 4씩 묶으면 100묶음이 되지 않는다.

→
```
    ×?
  4 ) 3 7 ▲
```
37▲를 4씩 묶으면 90묶음 정도가 된다.

→
```
     9 ?
  4 ) 3 7 ▲
     3 6
```
4씩 90묶음을 하면 360이고, 아직 묶어야 할 것이 더 남았다.

→
```
      9 ?
  4 ) 3 7 ▲
   - 3 6
        1
```
얼마나 남았는지 알기 위해 묶음 덩어리를 뺀다.

→
```
      9 ?
  4 ) 3 7 8
   - 3 6 ↓
       1 8
```
남은 18은 4씩 4묶음을 할 수 있다.

→
```
      9 4
  4 ) 3 7 8
   - 3 6
       1 8
     - 1 6
           2
```
4씩 묶을 수 없는 수 2가 남았다.

따라서 $378 \div 4 = 94 \cdots 2$

$279 \div 12$

$$12 \overline{)279}$$

나누는 수가 두 자리이므로 나누어지는 수도 최소한 두 자리 수이어야 한다.

$$\xrightarrow{\times \boxed{?}} 12 \overline{)27\blacktriangle}$$

$$\longrightarrow 12 \overline{)27\blacktriangle}^{\;2\;?}$$

$12 \times \boxed{1} = \cancel{12}$
$12 \times \boxed{2} = \boxed{24}$ 27보다 작으면서 27에 가깝다.
$12 \times \boxed{3} = \cancel{36}$

$$\longrightarrow 12 \overline{)27\blacktriangle}^{\;2\;?}$$
$$2\,4$$

270은 12씩 묶으면 20묶음을 할 수 있다. 그리고 남는 수가 있다.

$$\longrightarrow 12 \overline{)279}^{\;2\;?}$$
$$\underline{-2\,4}$$
$$3\,9$$

$12 \times \boxed{1} = \cancel{12}$
$12 \times \boxed{2} = \cancel{24}$
$12 \times \boxed{3} = \boxed{36}$ 39보다 작으면서 39에 가깝다.
$12 \times \boxed{4} = \cancel{48}$

$$\longrightarrow 12 \overline{)279}^{\;2\;3}$$
$$\underline{-2\,4\downarrow}$$
$$3\,9$$
$$3\,6$$

$$\longrightarrow 12 \overline{)279}^{\;2\;3}$$
$$\underline{-2\,4}$$
$$3\,9$$
$$\underline{-3\,6}$$
$$3$$

12씩 묶을 수 없는 3이 남았다.

따라서 $279 \div 12 = 23 \cdots 3$

자리 이동하기

어떤 수를 10, 100, 1000……으로 나누면 오른쪽으로 이동한다. 왜냐하면 오른쪽으로 갈수록 자릿값이 $\frac{1}{10}$씩 작아지기 때문이다.

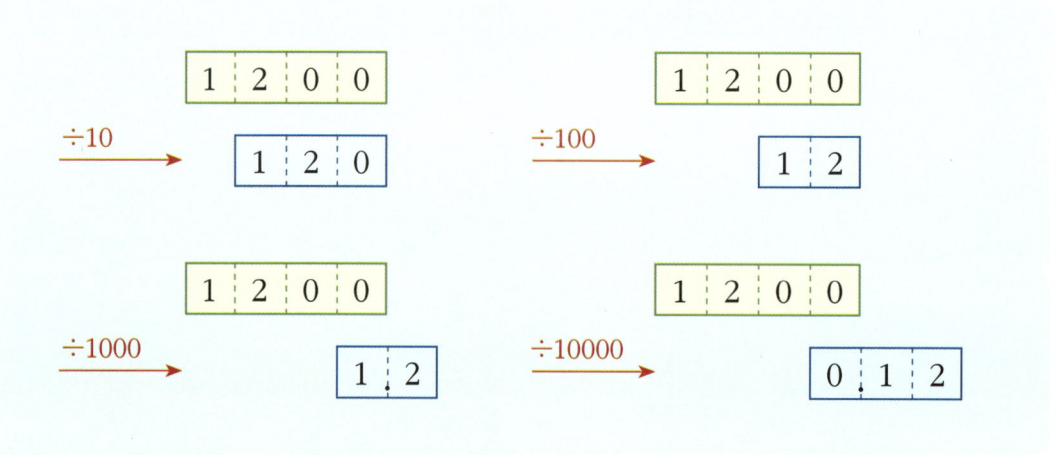

어떤 수를 $\frac{1}{10}$, $\frac{1}{100}$, $\frac{1}{1000}$……으로 나누면 한 자리씩 왼쪽으로 이동한다.

창의 융합 사고력

$12 \div \frac{1}{2}$을 구하는 문제를 만들어라

다음은 $8 \div 2$의 답을 구하는 문제들이다. 이와 같은 방식으로 $12 \div \frac{1}{2}$의 답을 구하는 문제 3개를 만들어 보자.

8L의 물을 2L씩 병에 나누어 담으려면 병이 몇 개 필요할까?

8cm의 빨대를 2cm씩 자르면 몇 도막이 생길까?

8칸의 계단을 2칸씩 뛰어 내려가면 몇 번 만에 다 내려갈까?

역사 속 수학
고대 이집트의 나눗셈

이집트 사람들은 곱셈을 할 때 표를 만들어 계산했다. 물론 숫자는 고대 이집트 숫자를 썼다.

예를 들어 23×12를 계산하려면, 먼저 다음과 같은 표를 만들어야 한다. 두 칸으로 나눈 표에서 왼쪽 줄은 항상 1로 시작하고, 내려갈수록 2배가 된다. 오른쪽 칸은 곱하려는 수부터 시작해서 아래로 내려갈수록 2배가 된다. 그리고 나서 왼쪽 줄에서 더해서 12가 되는 수를 찾는다. 아래 표에서는 4와 8이다. 그 다음 오른쪽 줄에서 4의 짝과 8의 짝을 찾아 더하면 그게 바로 23×12의 답이다. 4의 짝은 92, 8의 짝은 184이므로, 92+184=276이다.

1	
2	
4	
8	
16	

1	23
2	46
4	92
8	184
16	368

이집트 사람들은 나눗셈을 할 때에도 마찬가지로 아래와 같은 표를 사용했다. 지금 우리가 나눗셈을 계속 덜어 내면서 계산하는 데 반해, 고대 이집트 사람들은 덧셈을 이용해서 나눗셈을 계산했다.

예를 들어 45÷9를 하려면, 먼저 9로 시작하는 곱셈표를 만든 뒤 오른쪽 칸에서 더해서 45가 되는 수들을 찾는다. 아래 표에서는 9와 36이다. 그런 다음 자기가 찾은 수의 짝을 왼쪽 칸에서 찾아 더한다. 즉 9의 짝은 1, 36의 짝은 4이므로 답은 1+4=5이다.

그렇다면 나머지가 있는 나눗셈은 어떻게 했을까?

예를 들어 95÷9를 한다고 하자. 위 표의 오른쪽 칸에서 더해서 95보다 작되 95에 가까운 수가 되는 어떤 수를 찾는다. 18과 72를 더하면 90이 되고 5가 남는다. 18의 짝은 2이고, 72의 짝은 8이다. 2+8=10이므로 95÷9를 하면 몫은 10이고 나머지는 5이다.

3 혼합 계산

3+5×4÷2처럼 하나의 식에 덧셈, 뺄셈, 곱셈, 나눗셈 등
여러 계산이 섞여 있는 것을 혼합 계산이라고 한다.
복잡해 보이는 혼합 계산을 쉽게 해결할 수 있는 방법은 무엇일까?
바로 계산의 순서를 정해 놓은 4가지 규칙을 잘 따르는 것이다.
'다 먹고 난 과자 봉지는 꼭 휴지통에 넣자.'나 '쓰고 난 물건은
꼭 제자리에 놓자.' 등 집안의 생활 규칙을 어기면
결국 방과 거실이 엉망이 되는 것처럼, 혼합 계산의 규칙을
따르지 않으면 답이 엉터리로 나온다.

초등 5-1	중학 1-1
혼합 계산 ▶	정수와 유리수

스토리텔링 수학
생각의 차이

소영이와 채린이가 패스트푸드점에서 만났다.

"우리 뭐 먹을까?"

메뉴판에는 음료수와 감자튀김을 포함한 햄버거 세트 메뉴가 5000원, 치킨 2조각이 3000원이라고 쓰여 있다.

잠시 고민하던 소영이가 채린이에게 말했다.

"난 3000원밖에 없는데……."

그러자 채린이가 말했다.

"나한테 5000원이 있으니까 햄버거 세트를 사고, 너는 치킨 2조각을 사서 함께 나눠 먹자."

채린이의 말에 소영이가 냉큼 대답했다.

"좋아!"

햄버거와 치킨을 맛있게 먹고 일어서려는데 채린이가 소영이를 보고 씩 웃으며 말했다.

"음, 1000원은 천천히 갚아도 돼."

소영이가 눈을 동그랗게 뜨고 물었다.

"1000원이라니?"

"아까 햄버거 세트랑 치킨 살 때 넌 3000원을 내고 내가 5000원을 냈잖아. 그러니까 네가 나한테 1000원을 더 줘야지."

"그래? 어, 이상하다. 네 돈으로 햄버거 세트를 사서 너 혼자 거의 다 먹었잖아. 그리고 치킨은 둘이 나누어 먹지 않았니? 그러니까 네가 나한테 치킨 값 1500원을 줘야 하지 않아?"

두 사람은 멀뚱히 서로를 쳐다보았다.

소영이와 채린이의 계산 방법이 달라서 다른 결과가 나왔다. 또 서로 생각한 자신의 몫도 달랐기 때문에 오해가 생긴 것이다.

5000에 3000을 더한 다음에 2로 나눈 것과, 3000을 2로 나눈 값에다 5000을 더한 결과는 전혀 다르다.

개념과 원리

혼합 계산은 순서가 중요하다

덧셈, 뺄셈, 곱셈, 나눗셈 각각의 계산

덧셈은 수의 순서를 바꿔 계산해도 결과가 같다.

$$23+342=342+23$$

뺄셈은 수의 순서를 바꾸면 그 결과가 달라지기 때문에 순서를 바꿔서 계산하면 안 된다.

$$392-12-44 \neq 44-12-392$$

곱셈은 수의 순서를 바꾸어 계산해도 그 결과가 같다.

$$12 \times 42 \times 100 = 100 \times 42 \times 12$$

나눗셈은 수의 순서를 바꾸면 그 결과가 달라지기 때문에 순서를 바꿔서 계산하면 안 된다.

$$540 \div 12 \div 18 \neq 18 \div 12 \div 540$$

덧셈과 뺄셈, 곱셈과 나눗셈만 있는 혼합 계산

하나의 식에 덧셈, 뺄셈, 곱셈, 나눗셈이 뒤섞여 있는 것도 있다.

$19-14+3,\ 28\div14\times3,\ 12+25\div5,\ 9\times16-2$

이처럼 하나의 식에 두 가지 이상의 계산이 섞여 있는 것을 혼합 계산이라고 한다. 곱셈은 순서를 바꿀 수 있지만 나눗셈은 순서를 바꾸어 계산할 수 없다.

덧셈과 뺄셈이 함께 있는 혼합 계산

덧셈과 뺄셈이 함께 있는 혼합 계산에선 어떤 것을 먼저 계산할까?

$19-14+3$

19+18+3과 같이 덧셈만 있는 식은 뒤의 두 수를 먼저 더하고(18+3) 나서 맨 앞의 수를 더해도 상관없다. 하지만, 19−14−3과 같이 뺄셈만 있

을 때는 앞에서부터 차례대로 계산해야 한다.

19−14+3과 같이 덧셈과 뺄셈이 섞여 있는 식은 뺄셈 때문에 이 순서 그대로 계산해야 한다. 순서대로 계산하면 19−14+3은 5+3이 되므로 답은 8인데, 덧셈을 먼저 하면 19−14+3은 19−17이 되어 답이 2가 되기 때문이다. 이렇게 하면 틀린다.

곱셈과 나눗셈이 함께 있는 혼합 계산

곱셈과 나눗셈이 함께 있는 혼합 계산에선 어떤 것을 먼저 계산할까?

$$28 \div 14 \times 3$$

28×14×3과 같이 곱셈만 있는 식은 14×3을 먼저 계산해도 되지만, 28÷14÷3과 같은 나눗셈식은 앞에서부터 차례대로 계산해야 한다.

28÷14×3과 같이 곱셈과 나눗셈이 섞여 있는 식은 나눗셈 때문에 이 순서 그대로 계산해야 한다. 곱셈은 순서를 바꿀 수 있지만 나눗셈은 순서를 바꾸어 계산할 수 없기 때문이다.

덧셈, 뺄셈, 곱셈, 나눗셈이 섞여 있는 혼합 계산

혼합 계산에서는 계산하는 순서가 중요하다.

그렇다면 뺄셈과 곱셈이 함께 있을 때는 어떤 순서로 계산할까? 예를 들어 1000원으로 120원짜리 도화지 5장을 산다면 얼마가 남을까? 120원짜리 도화지 5장을 사면 120×5=600원이고, 1000원에서 600원을 빼면 400원이 남는다.

이것을 식으로 나타내 보자.

$$1000 - 120 \times 5$$

그런데 이상하다.

계산할 때는 120×5를 먼저 했는데, 식으로 나타낼 때는 왜 1000을 맨 앞에 썼을까? 그것은 1000원에서 도화지 5장 값(120×5)을 빼야 하기 때문이다.

다시 말해서 실제로 계산할 때는 곱셈을 먼저 하지만 1000에서 빼야 하기 때문에 식으로 나타낼 때는 뺄셈을 먼저 쓴 것이다. 덧셈, 뺄셈, 곱셈, 나눗셈이 섞여 있는 식은 앞에서부터 차례대로 계산하지 않고 곱셈이나 나눗셈을 먼저 계산한다.

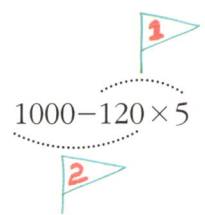

그러면 무조건 곱셈이나 나눗셈을 먼저 계산해야 할까? 아니다. 덧셈이나 뺄셈을 먼저 해야 할 때도 있다. 예를 들어 보자.

1000원짜리 음료수가 120원 할인된다고 했을 때, 이 음료수 5병을 사려면 얼마가 필요할까? 1000원짜리 음료수를 120원 할인하면 880원으로, 이 음료수를 5병 사려면 880×5=4400원이 필요하다. 이 과정을 식으로 써 보자.

$$1000-120\times 5$$

이 식은 앞의 식과 똑같지만 계산 순서가 다르다. 1000원짜리 음료수가 120원 할인된다고 했으므로 이때는 뺄셈을 먼저 해야 한다. 그런데 식만 보고 뺄셈을 먼저 해야 한다는 걸 어떻게 알 수 있을까? 이럴 때는 먼저 계산해야 하는 식을 묶어 주면 헷갈리지 않는다.

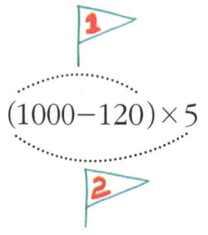

따라서 어떤 식에 소괄호 ( ), 중괄호 { }가 있다면 괄호 안의 식을 먼저 계산해야 한다. 괄호가 여러 개 있을 때는 소괄호 안에 있는 식을 먼저 계산하면 된다.

혼합 계산 순서

1. 덧셈과 뺄셈이 섞여 있는 식은 앞에서부터 차례대로 계산한다.
   단, ( )가 있다면 ( ) 안을 먼저 계산한다.
2. 곱셈과 나눗셈이 섞여 있는 식은 앞에서부터 차례대로 계산한다.
   단, ( )가 있다면 ( ) 안을 먼저 계산한다.
3. 덧셈, 뺄셈, 곱셈이 섞여 있는 식은 곱셈을 먼저 계산하고,
   덧셈, 뺄셈, 나눗셈이 섞여 있는 식은 나눗셈을 먼저 계산한다.
4. ( )가 없고 덧셈, 뺄셈, 곱셈, 나눗셈이 섞여 있는 식은 곱셈이나
   나눗셈을 먼저 계산한다. 단, ( )와 { }가 있는 식은 ( ) 안을
   먼저 계산한 다음 { } 안을 계산한다.

혼합 계산에서는 우리가 실제로 계산하는 순서와 식으로 나타내는 순서가 다를 때가 있다. 따라서 혼합 계산 순서를 잘 익혀야 한다. 다음 문제를 통해 생각하는 과정과 식으로 나타내는 과정을 서로 비교해 보자.

진영이는 어제 아침에 용돈 3000원을 받았다. 어제 그 돈으로 1개에 300원 하는 붕어빵 5개와 1개에 500원 하는 어묵 2개를 사 먹었다. 오늘은 남은 돈으로 색연필을 사려는데, 300원이 모자라서 엄마께 300원을 더 탔다. 색연필 값은 얼마일까?

붕어빵과 어묵을 사 먹은 돈 : 300×5+500×2

어제 남은 돈 : 3000-(300×5+500×2)=3000-(1500+1000)
　　　　　　　　=3000-(2500)=500

남은 돈으로 색연필을 사려면 300원을 보태야 한다.

식 : 3000-(300×5+500×2)+300

답 : 800(원)

> 계산은 (300×5+500×2)를 먼저 하지만, 식으로 나타낼 때는 3000을 먼저 쓴다.

은비는 친구 5명과 함께 요술 카드를 120개 사서 똑같이 나누어 가졌다. 은비의 여동생 은솔이는 요술 카드가 10개씩 들어 있는 상자 3개를 가지고 있다. 은비의 남동생 은찬이는 요술 카드 60장을 가지고 있다. 은찬이가 가진 요술 카드는 은비와 은솔이가 가진 카드 수를 모두 더한 것보다 몇 장이 더 많은지 식으로 나타내면 어떻게 될까?

은비가 가진 카드 수 : 120÷6=20

> 친구 5명+은비=6명

은솔이가 가진 카드 수 : 10×3=30

은찬이가 가진 카드 수 : 60

은비와 은솔이가 가진 카드 수 : 20+30=50

은찬이가 가진 카드 수에서 은비와 은솔이가 가진 카드 수를 빼면 된다.

식 : 60-(120÷6+10×3)

답 : 10(장)

> 실제로는 6명이 각각 가지고 있는 카드의 수를 계산하고 나서 60에서 그 수를 빼지만, 식으로 나타낼 때는 60을 먼저 쓴다.

창의 융합 사고력

남은 에너지는 얼마일까?

다음 표를 보고, 우진이가 아침에 일어나서부터 얻은 에너지 가운데 지금까지 남아 있는 에너지는 몇 kcal인지 구해 보자.

어느 일요일, 우진이는 아침에 일어나서 우유 100g을 마셨다. 그러고 나서 세수를 3분 동안 하고 식탁에 앉아서 밥 100g과 김치 50g, 불고기 200g을 30분 동안 먹었다. 밥을 먹고 나서 자전거를 타고 5분 동안 동네를 한 바퀴 돌았다. 집에 돌아와서는 초콜릿 50g을 먹은 다음 1시간 동안 낮잠을 잤다. 자고 일어나니까 배가 출출해서 과자 100g을 먹었다.

음식물과 에너지 (단위: kcal)

음식물	100g에 있는 에너지
김치	18.0
우유	69.0
불고기	136.0
밥	148.0
과자	523.0
초콜릿	549.0

활동량과 에너지 (단위: kcal)

활동량	1분 동안 소모하는 에너지
잘 때	1.0
씻거나 옷을 입을 때	2.4
앉아 있을 때	1.4
서 있을 때	2.4
보통으로 걸을 때	3.6
운동할 때	4.8
자전거를 빨리 탈 때	10.8

우진이에게 남아 있는 에너지 _____

역사 속 수학

계산하기 편한 인도-아라비아 숫자

인도와 아라비아 사람들은 0부터 9까지 10개의 숫자만으로 모든 자연수를 자유롭게 표현하고 계산할 수 있었다. 그래서 이들은 흙이나 모래 위에 손가락이나 막대기로 숫자를 써서 계산했다. 숫자를 적을 간단한 도구만 있으면 언제 어디서든 편하게 계산을 한 것이다.

반면 서양 사람들은 인도-아라비아 수 체계를 알기 전까지 나름대로의 계산 도구를 활용했다. 중세 시대까지도 어린아이들처럼 손가락을 꼽아 가며 계산했다고 한다.

고대 로마에서는 수를 셀 때 돌의 원리로 만들어진 계산판을 사용했다. 예를 들어 병사들의 수를 셀 때, 병사 한 사람당 돌 하나씩을 미리 파 놓은 구덩이(일의 자리)에 던진다. 돌이 10개 모이면 돌을 치우고 둘째 줄 구덩이(십의 자리)에 돌 하나를 던진다. 또 그 구덩이에 돌이 10개 모이면 다시 비우고 셋째 줄 구덩이(백의 자리)에 돌 하나를 던진다.

셈틀을 이용해 계산하고 있는 계산 전문가

로마의 휴대용 계산기

그리스의 곱셈판

이것이 발전해서 나중에는 꼬챙이에 돌을 끼워 셈을 하는 '돌 놓기 주판'이 등장했다. 이 주판으로 덧셈과 뺄셈은 그럭저럭 할 수 있었지만 곱셈과 나눗셈은 무척 복잡했다고 한다.

　중세 시대에는 곱셈이나 나눗셈을 완벽하게 할 수 있는 사람이 한 도시에 몇 명밖에 없었기 때문에 그런 사람은 대단한 학자로 존경받았다. 그래서 곱셈과 나눗셈을 배우려고 유학을 떠나는 경우도 흔했다.

　훗날 계산하기 편리한 인도의 숫자가 아라비아 상인들을 통해 유럽에 전해졌다. 유럽 사람들은 아라비아 사람들이 전해 준 이 숫자를 아라비아 숫자라고 불렀다.

15세기 중반에 제작된 휴대용 해시계
인도-아라비아 숫자가 등장하면서 해시계에서 로마 숫자는 사라졌다.

고바르 숫자
인도-아라비아 숫자가 쓰인 976년 무렵의 에스파냐 기록

새로운 계산법을 가르치는 모습
16세기 유럽에서는 수를 다루고 곱셈과 나눗셈을 할 줄 아는 사람이 존경받았다.

4 약수와 배수

약수는 '어떤 자연수를 나누어떨어지게 하는 자연수',

배수는 '어떤 자연수에 1배, 2배, 3배와 같이 자연수를

곱해서 만들어지는 수'이다.

여기서 꼭 잊지 말아야 할 것은 '자연수'라는 말이다.

약수와 배수는 '자연수' 범위 안에 한정된다.

따라서 $\frac{1}{3} \times 3 = 1$이지만 3은 1의 약수가 아니다.

실제로 약수, 배수는 자연수뿐 아니라 정수 전체에서

다루어지는 개념이다. 그러나 초등학교 수학에서는

배수와 약수를 자연수 범위에서만 다룬다.

초등 5-1	초등 5-1	중학 1-1
약수와 배수	약분과 통분	자연수의 성질

스토리텔링 수학

약수와 배수의 관계

초등학교 4학년인 민준이에게 요즘 걱정거리가 하나 생겼다. 5학년 수학이 어렵다는 말을 귀에 못이 박히도록 들었기 때문이다. 미리 공부해 두어야겠다는 생각에 5학년 수학 책을 펼쳤지만 좀처럼 진도가 나가지 않았다. 그래서 척척박사인 누나에게 물어보기로 했다.

"누나, 배수는 뭐고 약수는 뭐야?"

"어떤 수랑 어떤 수를 곱하잖아. 그때 나온 답이 배수이고, 처음에 곱한 두 수를 약수라고 해."

민준이가 알 듯 모를 듯한 표정을 짓자 누나가 한마디 덧붙였다.

"2와 3을 곱하면 6이지? 이때 6을 2와 3의 배수라고 하고, 2와 3을 6의 약수라고 해!"

민준이가 혼자 중얼거리더니 뜬금없는 질문을 던졌다.

"곱해진 건 배수이고 곱하는 건 약수구나. 근데 3 곱하기 0은 0이잖아. 이때 0이 3의 배수가 되는 거야?"

"음, 0도 배수가 되겠지. 아니다, 0은 제외인가? 잘 모르겠는데……."

"$\frac{1}{3}$에 6을 곱하면 2잖아. 그럼 $\frac{1}{3}$은 2의 약수야? 2는 6의 배수고?"

"야! 2가 어떻게 6의 배수가 되니?"

"아까는 서로 곱해서 나온 게 배수라고 말했으면서……."

곱하는 수가 분수일 때 약수와 배수의 관계가 성립하지 않는다. 약수와 배수는 자연수끼리의 곱에서만 성립하기 때문이다.

개념과 원리
약수와 배수란 무엇일까?

타일로 사각형 벽화 만들기

강릉에서는 해마다 단오제가 열리는데, 작년 단오제에는 시민 1000명이 벽화 작업에 참여했다. 가로와 세로의 길이가 각각 10cm인 정사각형 모양의 타일에 각자 그림을 그린 뒤, 이 타일 1000개를 벽에다 붙이는 작업이었다. 그런데 1000개를 다 붙이려면 벽이 엄청나게 커야 하지 않을까? 한 줄로 길게 붙이면 100m나 되기 때문이다.

$$1000(개) \times 10(cm) = 100(m)$$

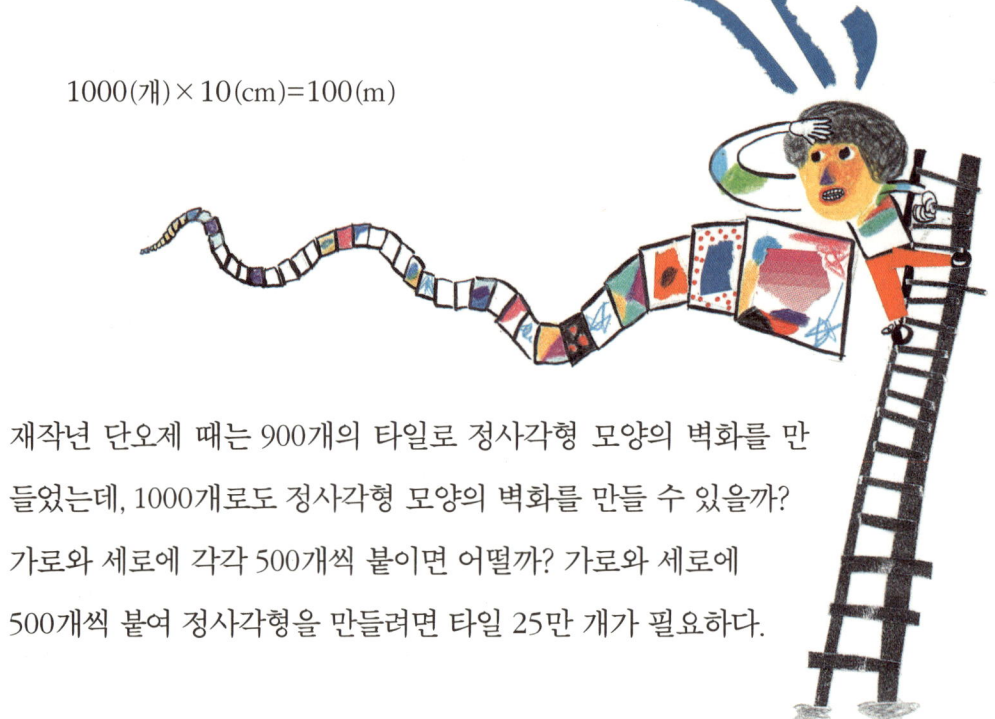

재작년 단오제 때는 900개의 타일로 정사각형 모양의 벽화를 만들었는데, 1000개로도 정사각형 모양의 벽화를 만들 수 있을까? 가로와 세로에 각각 500개씩 붙이면 어떨까? 가로와 세로에 500개씩 붙여 정사각형을 만들려면 타일 25만 개가 필요하다.

한 줄에 10개씩 10줄을 붙이면 어떨까? 가로와 세로에 각각 10개씩 붙인다면 타일 100개로도 충분하다.

그럼 이번엔 가로와 세로에 각각 30개씩 붙여 보자. 이때는 타일이 900개가 필요하므로 100개가 남는다. 또 가로 31개, 세로 31개씩 붙이면 961개가 필요하고, 가로와 세로에 32개씩 붙이면 1024개가 된다. 따라서 세 가지 경우 모두 1000개가 안 되거나 넘는다.

즉, 타일이 900개라면 가로와 세로에 30개씩 붙여서 정사각형 모양을 만들 수 있지만, 1000개의 타일로는 정사각형 모양의 벽화를 만들 수 없다. 그렇지만 가로와 세로 길이가 다른 직사각형 모양은 만들 수 있다. 직사각형 모양의 벽화를 만든다면 어떤 크기가 될까?

한 줄에 타일 1000개를 붙일 경우와 가로 또는 세로를 2줄로 하고 타일을 500개씩 붙일 경우를 생각해 보자.

1000×1(가로로 한 줄)
1×1000(세로로 한 줄)

500×2(가로로 두 줄)
2×500(세로로 두 줄)

가로나 세로를 3줄로 할 경우를 생각해 보자. 한 줄에 타일 333개씩 붙이면 1개가 남는다. 따라서 완전한 직사각형 모양이 될 수 없다.

가로 또는 세로를 4줄로 만들면 어떨까? 한 줄에 타일을 250개씩 붙이면 직사각형 모양이 된다.

250×4(가로로 네 줄)
4×250(세로로 네 줄)

또 가로를 5줄로 하고 한 줄에 타일을 200개씩 붙여도 직사각형 모양이 된다.

200×5(가로로 다섯 줄)
5×200(세로로 다섯 줄)

가로를 6줄로 하면 한 줄에 타일을 몇 개씩 붙여야 할까?

1000 나누기 6을 하면 몫이 166, 나머지가 4이므로 166줄을 만들고 4개가 남는다.

이 역시 완전한 직사각형이라고 할 수 없다.

$$1000 \div 6 = 166 \cdots 4$$

언제까지 이렇게 일일이 계산해야 할까? 좀 더 빠르면서 정확하게 계산하는 방법은 없을까?

약수와 배수

1000은 2와 500의 곱이고,
500은 2와 250의 곱이고,
250은 2와 125의 곱이고,
125는 5와 25의 곱이고,
25는 5와 5의 곱이다.
따라서 1000은 $2 \times 2 \times 2 \times 5 \times 5 \times 5$임을 알 수 있다.
그러고 보니 1000은 순전히 2와 5의 곱이다.
"아하! 그래서 가로를 3줄이나 6줄로 할 때는 직사각형이
안 된 거였네."
"7줄이나 9줄짜리 직사각형은 따져 보나마나 못 만들겠다."

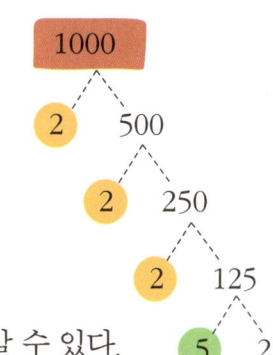

$$1000 = 1 \times 1000 = 1000 \times 1$$
$$= 2 \times 500 = 500 \times 2$$
$$= 4 \times 250 = 250 \times 4$$
$$= 5 \times 200 = 200 \times 5$$
$$= 8 \times 125 = 125 \times 8$$
$$= 10 \times 100 = 100 \times 10$$
$$= 20 \times 50 = 50 \times 20$$
$$= 25 \times 40 = 40 \times 25$$

지금까지의 이야기 속에 어떤 수학 개념이 들어 있는지 알아보자.

1000을 3이나 6으로 나누면 나누어떨어지지 않고 나머지가 생기지만 1, 2, 4, 5, 8, 10, 20, 25, 40, 50, 100, 125, 200, 250, 500, 1000으로 나누면 나머지 없이 나누어떨어진다.

이렇게 1000을 나누어 떨어지게 하는 수를 1000의 약수라고 한다. 가로와 세로에 붙일 타일의 수를 전체 타일 수의 약수로 정하면 직사각형 모양을 만들 수 있다.

2의 약수는 1과 2뿐이고, 3의 약수도 1과 3뿐이다. 이처럼 약수가 2개뿐인 수를 소수라고 한다.

　　　소수 : 2, 3, 5, 7, 11, 13, 17, 19······

어떤 자연수를 그 수의 약수 중 소수들의 곱으로 표현하는 것을 소인수분해라고 한다.

　　　12의 약수 : 1, 2, 3, 4, 6, 12
　　　12의 소인수분해 : 2×2×3

약수가 3개 이상인 수를 합성수라고 한다. 약수가 1개뿐인 1은 소수도, 합성수도 아니다.

다음 문제를 풀어 보면서 약수에 대해 잘 이해했는지 확인해 보자.

어떤 두 수의 합이 29이고, 곱은 198이다. 두 수는 어떤 수인가?

더해서 29가 되는 두 수는 매우 많지만 곱해서 198이 되는 두 수는 몇 개밖에 없다. 따라서 곱해서 198이 되는 두 수를 먼저 구한 다음 이 수를 29가 되는지 알아보면 간단히 해결할 수 있다.

$$198=2\times99=2\times3\times33=2\times3\times3\times11=18\times11$$

합은 101   합은 38   합은 19   합은 29

18+11=29. 따라서 답은 18과 11이다.

이번에는 배수에 대해 알아보자.

1에 1000을 곱하면 1000, 2에 500을 곱해도 1000, 4에 250을 곱해도 1000이다. 이때 1000을 1, 2, 4, 5, 8, 10, 20, 25, 40, 50, 100, 125, 200, 250, 500, 1000의 배수라고 한다. 배수란 자연수에 자연수를 곱해서 얻을 수 있는 수를 말한다.

3을 333배 하면 999이고, 334배 하면 1002가 되어 1000을 넘기 때문에 정확히 1000이 되는 3의 몇 배를 구할 수가 없다. 그래서 999는 3의 배수이지만 1000은 3의 배수가 아니다.

3과 7을 곱하면 21이다. 이때 3과 7은 21의 약수이고, 21은 3과 7의 배수이다.

약수와 배수를 왜 배울까?

어떤 요리사가 된장찌개를 끓인다고 하자. 재료는 다 준비되어 있는데, 그 사람이 칼질을 전혀 할 줄 모른다면 두부도, 호박도, 감자도 못 썰 것이다.

요리를 하려면 가장 먼저 재료를 다듬고 씻고 잘라야 하듯이, 수학에서 약수와 배수는 그 다음 단계로 나아가기 위한 기본 개념이다.

이 색종이에서 색칠된 부분은 $\frac{2}{3}$이다.

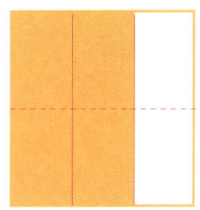

색종이의 중간을 접으면 색칠된 부분은 $\frac{4}{6}$가 된다.

약수와 배수는 분수 계산에 필요하다. 분모가 18이면서 $\frac{2}{3}$와 같은 분수를 구하려면 어떻게 할까? 이것은 배수 개념을 알고 있으면 쉽게 해결할 수 있다. 18이 3의 6배이므로 분자도 2의 6배이어야 한다.

$$\frac{\boxed{}}{18}=\frac{2}{3} \qquad \frac{\boxed{12}}{18}=\frac{2}{3}$$

이때 12도 6의 배수이고 18도 6의 배수이다. 이 수들을 6의 공(통)배수라고 한다.

12의 약수는 1, 2, 3, 4, 6, 12이고, 18의 약수는 1, 2, 3, 6, 9, 18이다. 12와 18의 약수에는 1, 2, 3, 6이 공통으로 들어 있다. 여기서 1, 2, 3, 6을 공(통)약수라고 한다.

$\frac{12}{18}$를 간단한 모양의 분수로 바꿀 때는 약수 개념을 사용한다. 공약수 가운데서 가장 큰 수인 최대 공약수(12와 18의 최대 공약수는 6)로 분모와 분자를 나누면 가장 간단한 모양의 분수(기약분수)를 만들 수 있다.

$$\frac{12}{18} = \frac{12(\div 6)}{18(\div 6)} = \frac{2}{3}$$

$\frac{6}{8}$ $\xrightarrow{\text{약분}}$ $\frac{3}{4}$ (6과 8의 공약수인 2로 두 수를 나누었다.)

$\frac{2}{5} + \frac{1}{3}$ $\xrightarrow{\text{통분}}$ $\frac{6}{15} + \frac{5}{15}$ (3과 5의 공배수인 15를 분모로 했다.)

$\frac{2}{3}$나 $\frac{4}{6}$는 숫자는 다르지만 크기가 같은 분수이다. $\frac{2}{3}$의 분모와 분자를 각각 2배 하면 $\frac{4}{6}$가 된다.

두 수의 공약수가 1일 때, 두 수는 서로소라고 한다. 분수에서 분자와 분모의 공약수가 1밖에 없을 때는 더 이상 간단히 할 수 없다. 이런 분수를 기약분수라고 한다.

창의 융합 사고력

빈칸의 수는?

다음 빈칸에 알맞은 수를 써 넣어 보자.

×	9	8	3	4
5	45			
2			6	
6				
7				

×				
	6		12	
		18		30
	14			
		39		

역사 속 수학
피타고라스와 약수

피타고라스
고대 그리스의 철학자, 수학자였으며 '피타고라스 정리'를 발견했다.

피타고라스(Pythagoras, 기원전 582?~기원전 493?)는 수학으로 세상을 바라본 그리스 철학자였다. 기원전 582년 무렵 에게 해의 사모스 섬에서 태어난 그는 이집트와 바빌로니아에서 공부했다고 한다. 오랫동안 유학을 하고 돌아와 이탈리아의 남부 크로톤에 학교를 세우고 그곳에서 연구와 교육으로 평생을 보냈다. 그때 형성된 학파가 '피타고라스 학파'이다.

피타고라스는 너무도 유명한 '피타고라스 정리'를 발견했다. 피타고라스 정리는 '직각삼각형의 빗변의 제곱은 다른 두 변의 제곱의 합과 같다.'는 것이다. 사실 이 정리는 고대 바빌로니아를 비롯해 여러 나라에서 이미 알고 있었다고 한다. 하지만 피타고라스가 이 정리를 처음으로 증명했기 때문에 '피타고라스 정리'라고 불렸다.

피타고라스 학파는 이 세계의 근원을 '수'라고 보았기 때문에 수에 대해 연구를 많이 했다. 특히 약수와 관련해서 일정한 법칙이 성립되는 수, 즉 완전수, 부족수, 과잉수 등에 대해 연구했다.

완전수 6의 약수는 1, 2, 3, 6이다. 이때 6을 제외한 나머지 약수를 모두 더하면(1+2+3) 원래의 수 6이 된다. 28도 28을 제외한 나머지 약수를 모두 더하면(1+2+4+7+14) 원래의 수 28이 된다. 이처럼 자기 자신의 수를 제외한 모든 약수의 합이 자기 자신의 수와 같은 것을 '완전수'라고 한다.

부족수 10의 약수는 1, 2, 5, 10이다. 이때 10을 제외한 나머지 약수를 모두 더하면(1+2+5) 8이다. 이처럼 자기 자신의 수을 제외한 모든 약수의 합이 자기 자신의 수보다 작은 것을 '부족수'라고 한다.

과잉수 12의 약수는 1, 2, 3, 4, 6, 12이다. 이때 12를 제외한 나머지 약수를 모두 더하면(1+2+3+4+6) 16이다. 이처럼 자기 자신의 수를 제외한 모든 약수의 합이 자기 자신의 수보다 큰 것을 '과잉수'라고 한다.

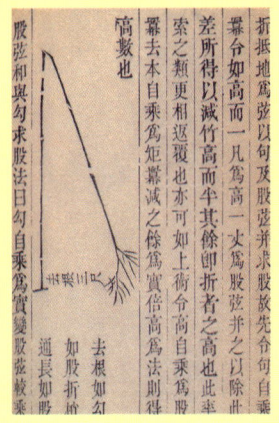

중국과 우리나라의 피타고라스 정리
피타고라스 정리는 중국에서 '진자의 정리'로 불렸으며, 우리나라에서도 신라 시대에 첨성대를 만들 때 이 정리를 이용했다고 한다.

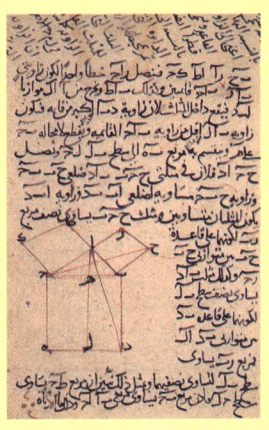

피타고라스 정리의 발견
피타고라스 이전에도 세계 여러 곳에서 이 정리가 응용되고 있었는데, 피타고라스는 길에 깔린 타일에서 힌트를 얻어 이 정리를 발견했다고 한다.

5 비와 비교

원시인 갑돌이와 을순이가 서로 자기가 더 부자라며 싸우고 있다.

"내가 너보다 돌도끼가 훨씬 많아. 그러니까 내가 더 부자야."

"하지만 움집은 내 것이 훨씬 크잖아."

"말도 안 돼! 움집과 돌도끼를 비교하면 어떻게 해?"

비교를 할 때에는 양의 종류가 같아야 한다.

갑돌이의 돌도끼가 10개, 을순이의 돌도끼가 5개라면

갑돌이와 을순이의 돌도끼 수의 비는 2:1이다.

부피, 길이, 넓이, 수량 같은 양의 크기를 수로 비교할 수

있도록 나타낸 것을 '비'라고 한다.

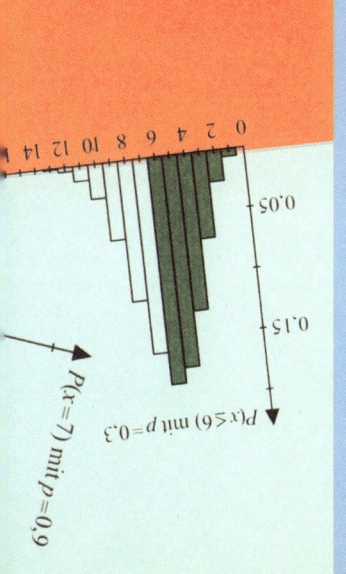

초등 2-2	초등 3-2	초등 4-1, 4-2	초등 5-2
표와 그래프	자료의 정리	막대그래프, 꺾은선그래프	규칙과 대응

스토리텔링 수학
4:0과 8:0의 차이

준희가 아빠와 축구 경기를 보고 있다. 우리나라와 일본의 월드컵 예선전에서 우리나라가 4:0으로 이겼다.

준희가 아빠에게 물었다.

"아빠, 4:0은 8:0과 같죠?"

"뭐? 4:0이 왜 8:0이냐?"

"4:0에 각각 2를 곱하면 8:0이 되니까 4:0은 8:0과 같잖아요?"

"그게 말이 되냐? 우리가 4골을 넣었지, 언제 8골을 넣었냐?"

"어? 이상하다……. 몇 대 몇은 양쪽에 같은 수를 곱해도 같은 거 아니에요?"

"그게 어떻게 같아? 네 말대로라면 0:1은 0:100이랑 같겠구나."

"같은 거 아니에요?"

"이런! 그러니까 그게 말이야……. 참, 나 이걸 어떻게 설명해야 하나?"

준희는 멀뚱멀뚱 아빠를 쳐다보았고, 아빠는 난감한 표정을 지었다.

두 팀의 점수를 통해 실력을 비교할 수 있다. 예를 들어 A팀과 B팀의 경기에서 6:2로 A팀이 이겼다면 "A팀이 6골 넣는 동안 B팀은 2골밖에 넣지 못했다."라거나 "B팀이 1골 넣을 때 A팀은 3골을 넣은 셈이다."라고 할 수 있다.

그러나 4:0은 실력을 비교한 것이 아니라 골의 수를 나타낸 것이다. 실제 골의 수를 바꿀 수는 없으므로 4:0의 경기 결과가 8:0과 같다고 할 수는 없다.

개념과 원리
비란 무엇일까?

비의 개념

'비'란 둘 이상의 수나 양을 곱셈으로 비교하는 것을 말한다. 즉, 비는 두 수가 서로 곱셈, 나눗셈 관계에 있다는 것을 뜻한다.

우리는 일상생활에서 비교하는 일이 많다. 예를 들어 내가 책을 3권 읽는 동안 친구가 5권 읽었다면, 책을 읽는 속도를 3:5로 비교할 수 있다.

초등학교 어느 반에서 회장을 뽑기로 했다. 회장 후보로 지민, 수정, 희철이가 나왔는데, 투표 결과는 다음과 같았다.

지민, 수정, 희철이가 얻은 표를 비교해서 다음과 같이 쓸 수 있다.

지민   수정   희철

기호 :는 비교할 때 사용하는 것으로, '15 대 21 대 3'이라고 읽는다. 이렇게 셋을 비교해 보니 수정이가 얻은 표가 가장 많음을 알 수 있다. 누가 가장 많고, 누가 가장 적은지를 한눈에 알아볼 때는 막대그래프로 나타내면 된다.

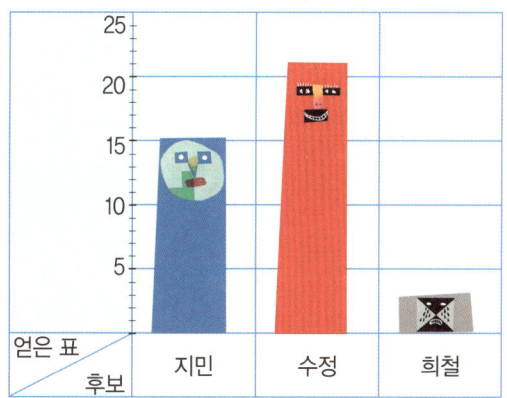

막대그래프를 보면 수정이가 지민이보다 6표를 더 얻었고, 희철이보다는 18표를 더 얻었다는 것을 쉽게 알 수 있다. 또 수정이가 얻은 표가 희철이 표의 7배나 된다는 사실도 한눈에 알 수 있다.

"수정이가 얻은 표는 희철이가 얻은 표의 7배다."라고 할 때는 희철이가 얻은 표를 기준으로 수정이가 얻은 표를 비교한 것이다. 이때 희철이가 얻은 표를 기준으로 해서 수정이가 얻은 표의 비는 다음과 같이 나타낸다.

 7 : 1

반대로 수정이가 얻은 표를 기준으로 하면 희철이가 얻은 표는 수정이의 $\frac{1}{7}$이다. 이때의 비는 다음과 같이 나타낸다.

 1 : 7

"수정이는 7표가 아니라 21표를 얻었잖아요!"
"희철이도 1표가 아니라 3표를 얻었어요."
물론 실제로는 수정이가 21표를 얻고 희철이는 3표를 얻었다. 하지만 여기서는 실제로 얻은 표의 수를 비교하려는 것이 아니라, 수정이가 얻은 표가 희철이 표의 7배라는 관계를 밝히려는 것이다. 만약 수정이가 14표를 얻고 희철이가 2표를 얻었어도 수정이의 표는 희철이 표의 7배이므로 수정이가 얻은 표와 희철이가 얻은 표의 비는 7:1이다.
마찬가지로 "지민이가 얻은 표는 희철이가 얻은 표의 5배다."라고 할 때는 희철이가 얻은 표를 기준으로 해서 지민이가 얻은 표를 비교한 것이므로 다음과 같이 나타낼 수 있다.

 5 : 1

지민이를 기준으로 비교하면 희철이의 표는 지민이 표의 $\frac{1}{5}$이다.

 1 : 5

또 지민이와 수정이를 비교해서 이렇게 나타낼 수도 있다.

 15 : 21

비를 안다 하더라도 실제로 몇 표를 얻었는지 모를 수도 있다. 예를 들어 어린이 축구 교실 경쟁률이 10:1이었다면 1명을 뽑는데 10명이 지원한 것일 수도 있고, 200명을 뽑는데 2000명이 지원한 것일 수도 있다. 10:1만으로는 모집하려는 학생 수의 10배나 되는 사람이 지원했다는 사실만 알 수 있을 뿐, 실제로 몇 명이 지원했는지는 알 수 없다.

비를 쓰는 순서

비는 쓰는 순서가 정해져 있고, 이것을 꼭 지켜야 한다.

한 수는 기준량이고 다른 한 수는 비교하는 양이므로, 만약 이 순서가 뒤바뀌면 관계도 바뀌게 된다.

그래서 비를 쓸 때 비교하는 양(전항)을 기호 : 앞에 쓰고, 기준량(후항)을 뒤에 쓴다.

비를 읽을 때는 순서 그대로 A 대 B 또는 A와 B의 비라고 읽거나 B에 대한 A의 비 또는 A의 B에 대한 비와 같이 '~에 대한'이라는 말을 사용하기도 한다. '~'에 들어가는 값이 기준량이므로 뒤에 써야 한다.

$$\underline{A(비교하는\ 양)} : \underline{B(기준량)}$$
$$전항 \qquad\qquad 후항$$

이 순서는 분수와도 관계가 있다. 분수 개념에는 똑같이 나눈다는 것 외에 '비교하기' 개념도 있기 때문이다.

$$\frac{(비교하는\ 수)}{(기준이\ 되는\ 수)}$$

다음 그림을 통해 비를 나타내고 읽는 방법을 살펴보자.

B를 기준으로 A와 B를 비교하면 A는 B의 $1\frac{1}{2}$배이다. 이것을 분수와 비로 나타내 보자.

$$\frac{A}{B} = \frac{3}{2} \qquad A:B = 3:2$$

예를 들어 아빠가 44세, 내가 11세라면, 내 나이를 기준으로 보았을 때 아빠 나이는 나의 4배이다. 따라서 '아빠 나이와 내 나이의 비는 4:1'이다. 순서를 바꾸어 1:4라고 하면, 이 비는 '나와 아빠 나이의 비'이거나 '아빠 나이에 대한 내 나이의 비'이다.

이렇게 기준량과 비교하는 양을 쓰는 순서가 정해져 있기 때문에 3:5와 5:3은 다른 것이다. 또한 0은 기준량이 될 수 없다.

분수에서 분모는 기준량을 나타내기도 하므로 A : B를 분수로 나타내면 B가 분모가 된다.

$$A : B \longrightarrow \frac{A}{B} \leftarrow 기준$$
$\quad\uparrow$
기준

비와 축척

아래 지도를 보자.

지도를 보면 지표상의 실제 거리를 지도상에 줄여서 나타낸 비율인 축척이 표시되어 있다.

1 : 25,000
0   250   500m

축척이 1:25,000인 지도에서 1cm는 실제 거리로 250m가 된다. 250m는 25000cm이므로 이 지도의 축소 비율은 1:25,000인 것이다. 전항인 1은 지도상의 거리이고, 후항인 25000은 실제 거리이다.

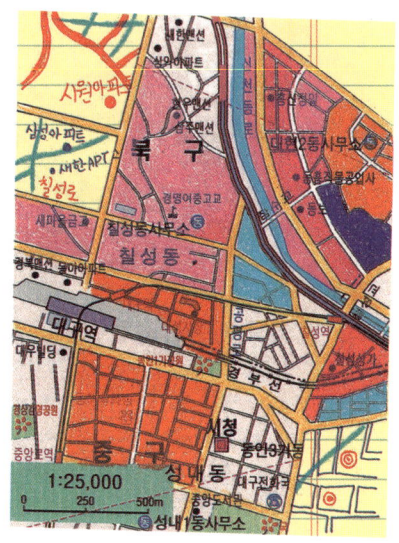

축척이 1:25,000인 지도에서, A 지점에서 B 지점까지의 거리가 지도상으로 약 4cm 정도일 때 실제 거리는 얼마가 될까?

"25000의 4배니까 100000cm요."

"100000cm는 1000m이고 1km이죠."

1 : 100,000
0　　1000　　2000m

축척이 1:100,000인 지도에서 1cm는 실제 거리로 1000m가 된다. 그러므로 1:100,000 지도는 1:25,000 지도보다 더 축소된 것이다.

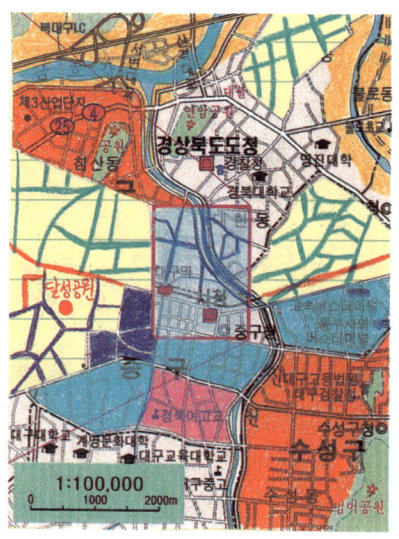

이렇게 축소를 많이 하면 더 넓은 지역까지 그릴 수 있다는 장점이 있지만, 한 지역을 자세히 볼 수 없다는 단점도 있다.

그래서 지도의 쓰임새에 따라 적절한 비율의 축척을 사용한다.

창의 융합 사고력
그래프와 비의 관계는?

다음 그래프를 보고, 물음에 답해 보자.

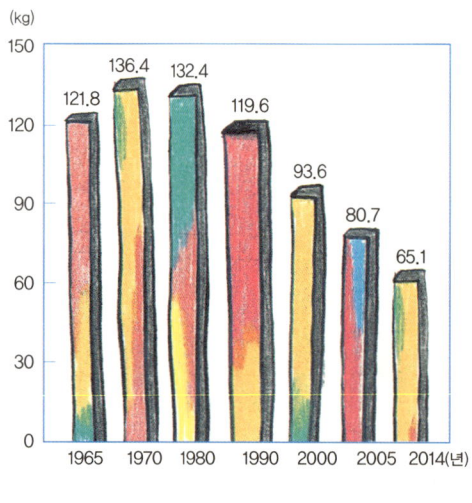

연간 1인당 쌀 소비량

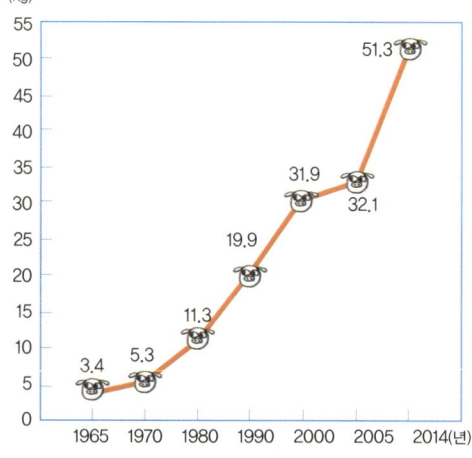

연간 1인당 육류 소비량

① 그래프를 통해 알 수 있는 사실은 무엇일까?

② 연간 1인당 육류 소비량과 연도 사이에는 '비' 관계가 있는가? 해마다 일정한 양이 증가한다고 볼 수 있을까?

톡톡 수학 게임

26이 되는 경우를 모두 찾아라

다트를 던져 파란색 부분에 맞추면 그 칸에 있는 원래 수의 2배가 된다. 다트 3개를 던져 26이 되는 경우를 모두 찾아 보자.

역사 속 수학
17마리 낙타 나누기

고대 이집트의 파피루스에 다음과 같은 문제가 실려 있다. 어느 노인이 낙타 17마리를 유산으로 남기면서 세 아들에게 "17마리를 너희 셋이서 $\frac{1}{2} : \frac{1}{3} : \frac{1}{9}$로 나누어 가져라."라고 유언했다는 것이다.

세 아들은 깊은 고민에 빠졌다. 언뜻 보면 $17 \times \frac{1}{2}$, $17 \times \frac{1}{3}$, $17 \times \frac{1}{9}$을 계산하면 될 것 같다. 하지만 이 가운데 어느 계산도 나누어떨어지지 않는다. 빵이라면 나눌 수 있지만 멀쩡히 살아 있는 낙타를 나눌 수는 없는 일이니까.

그런데 마침 낙타를 타고 지나가던 노인이 이들의 고민을 듣고는 말끔히 해결해 주었다. 노인은 어떤 생각을 내놓았을까? 노인은 형제들에게 자기가 타고 있던 낙타를 빌려주었다. 그래서 낙타는 모두 18마리가 되었다. 이제 세 아들의 몫을 계산해 보자.

첫째 아들은 $18 \times \frac{1}{2}$을 해서 9마리, 둘째 아들은 $18 \times \frac{1}{3}$을 해서 6마리, 셋째 아들은 $18 \times \frac{1}{9}$을 해서 2마리를 가질 수 있었다. 이때 세 아들이 가진 낙타 수의 합은 9+6+2=17이고, 이것은 원래 유산으로 받은 낙타 수와 같다.

계산은 잘 되었지만 뭔가 좀 이상하다. 분명히 노인의 낙타까지 합쳐

서 18마리이었는데 형제들이 나누어 가진 낙타는 모두 17마리이다. 어떻게 된 것일까?

이 문제를 이집트 파피루스에 적혀 있는 방법으로 다시 계산해 보자.

첫째, 세 아들의 비를 모두 더하면, $\frac{1}{2}+\frac{1}{3}+\frac{1}{9}$은 $\frac{17}{18}$이다.
둘째, $\frac{17}{18}$의 역수인 $\frac{18}{17}$을 전체 낙타의 수 17에 곱하면 18이 된다.
셋째, 각자의 비에 이 수를 곱한다.

이렇게 하면, 첫째 아들은 $18 \times \frac{1}{2}$인 9마리, 둘째 아들은 $18 \times \frac{1}{3}$인 6마리, 셋째 아들은 $18 \times \frac{1}{9}$인 2마리를 가지면 된다. 파피루스 계산법에 따르면, 굳이 노인에게 도움을 받지 않아도 충분히 계산할 수 있다.

그런데 왜 이런 차이가 생긴 것일까? 원래 이 문제에서 '$\frac{1}{2}:\frac{1}{3}:\frac{1}{9}$'은 '세 아들끼리의 비'였다. $\frac{1}{2}:\frac{1}{3}:\frac{1}{9}$은 9:6:2와 같고, 9+6+2=17이다. 따라서 17마리의 낙타를 나누어 가지는 데는 아무런 문제가 없다.

즉 $17 \times \frac{9}{17}$, $17 \times \frac{6}{17}$, $17 \times \frac{2}{17}$를 계산하면 된다. 세 아들은 $\frac{1}{2}:\frac{1}{3}:\frac{1}{9}$로 나누어 가진다는 것을, 전체의 $\frac{1}{2}$, $\frac{1}{3}$, $\frac{1}{9}$씩 나누어 가지는 것으로 잘못 생각한 것이다.

6 비

한국 축구팀이 시합을 10번 해서 8번 이겼다. 한국 팀이 이긴 비율(승률)을 구해 보자. 비율을 구할 때는 먼저 '기준량'과 '비교하는 양'이 어느 것인지를 생각해야 한다. 여기서는 시합 횟수가 기준량이고, 이긴 횟수가 비교하는 양이다. 따라서 승률은 10번의 시합을 1이라고 할 때 이긴 시합은 얼마에 해당할지를 구하는 것이다. 10번 가운데 8번을 이겼으므로 10을 1로 하면 승률은 0.8이 된다.

'비교하는 양÷기준량'을 하면 비율이 나온다. 그런데 만약 '시합을 10번 했을 때 승률이 0.5였다. 이긴 시합은 몇 번일까?'라고 묻는다면 당연히 10×0.5를 하면 된다. 정답은 5이다.

초등 6-1	초등 6-2
비와 비율	비례식과 비례 배분

스토리텔링 수학
비는 특별한 관계

토요일 오전, 오랜만에 재현이네 가족이 다 모여 아침을 먹으면서 텔레비전의 날씨 예보를 보고 있다. 기상 캐스터는 "서울의 최고 기온은 5도, 부산은 10도가 될 것으로 예상합니다."라고 말한다. 이때 재현이 동생 자현이가 아버지를 쳐다보며 말했다.

"아빠, 부산이 서울보다 5도 높으니까 더 따뜻한 거죠?"

그러자 재현이가 어깨를 으쓱거리며 말했다.

"부산의 기온이 서울의 2배라는 거지."

"그럼, 내일도 부산 기온이 서울 기온의 2배가 돼?"

"오락가락하는 날씨를 어떻게 아니?"

자현이는 오빠 재현에게 당할 수만은 없었는지 신문을 들고 와 아빠의 코앞에 바짝 들이대며 물었다.

"아빠, 신문에 난 이 지도는 얼마나 작게 만든 거예요?"

재현이가 또 끼어들며 말했다.

"엄청나게 축소한 거지. 우리 동네는 이 지도에서 보이지도 않잖아."

자현이는 곰곰 생각하는 듯하더니 호기심 가득한 눈으로 아빠를 쳐다보며 입을 열었다.

"날마다 바뀌는 기온에는 규칙이 없지만 지도에는 규칙이 있겠네요."

"그게 무슨 말이니?"

"만약 인공위성이 지구 아주 가까이서 찍으면 서울만 아니라 우리나라 전체가 크게 보이고, 부산도 크게 보일 거 아니에요? 커지면 다 같이 커지고 작아지면 다 같이 작아지고……. 그런데 기온은 안 그러니까요."

"허허, 녀석도 참……."

실제 거리를 지도에 나타낼 때 각 지역을 똑같은 비로 축소해야 한다. 실제로 서울의 땅덩어리가 부산보다 크므로 우리나라 땅의 모습을 작게 줄여서 그린 지도에서도 서울은 부산보다 크다.

하지만 기온은 다르다. 오늘 기온이 어제의 2배라고 해서 다음 날 기온이 전날 기온의 2배가 되는 것은 아니다. 오늘의 기온:어제의 기온이 어쩌다가 1:2가 된 것일 뿐, 언제나 이러한 비가 성립할 것이라고 볼 수는 없다.

개념과 원리
비와 비율

비로 비교하기

우리 학교 컴퓨터실에 있는 컴퓨터는 모두 13대인데, 한 반의 학생 수가 30명이다. 이때 컴퓨터와 한 반 학생 수의 비는 13:30이다. 그런데 옆 학교는 컴퓨터실에 19대의 컴퓨터가 있고, 한 반 학생 수가 35명이라고 한다. 컴퓨터와 학생 수의 비가 큰 학교는 어디일까?

이때 어느 학교가 컴퓨터와 학생 수의 비가 더 큰지를 한눈에 알기는 어렵다. 게다가 비교하는 양과 기준량이 서로 다르다. 어떻게 해야 할까?

A(비교하는 양):B(기준량)를 분수로 나타내면 $\frac{A}{B}$이다. 이때 $\frac{A}{B}$는 하나의 수이다. 이렇게 비교하는 양을 기준량으로 나누어 하나의 수로 나타낸 것을 **비율**이라고 한다.

비가 서로 다를 때 비율을 구하면 비교가 쉽다. 비율은 주로 분수로 나타내지만, 분수는 소수로 바꿀 수 있으니 비율을 소수로도 나타낸다.

비 → A(비교하는 양) : B(기준량)

비율 → $\dfrac{A(비교하는\ 양)}{B(기준량)}$

학생 수에 대한 컴퓨터 수의 비율을 구해 보자.

$$우리\ 학교 \to \frac{13}{30} = 13 \div 30 = 0.433\cdots\cdots$$

$$옆\ 학교 \to \frac{19}{35} = 19 \div 35 = 0.542\cdots\cdots$$

따라서 옆 학교가 1인당 사용할 수 있는 컴퓨터의 비율이 더 높다.

비의 개념을 분수와 관련지어 좀 더 자세히 알아보자.

어떤 비가 5:2라면, 비교하는 양 5는 기준량 2의 $\frac{5}{2}$배다. 기준량 2를 1로 해도 비 관계가 변하지 않으므로, 5:2를 $\frac{5}{2}$:1이라고도 할 수 있다. 이때 $\frac{5}{2}$를 비율이라고 한다.

즉, 비율은 기준량을 1로 보고, 두 양의 비(A:B)를 하나의 수로 나타낸 값이다. 여러 가지 비를 서로 비교할 때는 비율을 구해서 비교하면 된다.

가로 135cm, 세로 128cm인 식탁의 두 길이의 비를 구하려고 한다. 이때 가로와 세로 가운데 어느 것을 기준량으로 하느냐에 따라 비율이 1보다 커지기도 하고 작아지기도 한다.

세로를 기준으로 하면 가로(비교하는 양)가 세로(기준량)보다 길다.

$$비 \to 135:128$$

$$비율 \to \frac{135}{128}\left(=1\frac{7}{128}\right)$$

이때의 비율은 1보다 크다.

이번엔 기준량과 비교하는 양을 서로 바꾸어 보자.
가로를 기준으로 하면 세로(비교하는 양)가 가로(기준량)보다 짧다.

비 → 128:135

비율 → $\frac{128}{135}$

이때의 비율은 1보다 작다.

동민이는 영우에게 카드를 11장이나 가지고 있다고 자랑했다. 동민이의 카드 수에 대한 영우 카드 수의 비율이 1이라면, 영우는 카드를 몇 장 가지고 있는 것일까?

비 → 영우의 카드 수(비교하는 양) : 동민이의 카드 수(기준량)
　　　　　　　→ ?　　　　　　　　　　　　→ 11장

비율 → $\frac{?}{11} = 1$

비율이 1이라는 것은 기준량과 비교하는 양이 서로 똑같다는 것을 뜻한다. 따라서 영우가 가지고 있는 카드는 11장이다.

비와 비율

성냥개비로 삼각형을 만들려고 한다. 삼각형 8개를 만들되, 한 가지 방법은 삼각형을 따로따로 만드는 것이고, 다른 한 가지 방법은 삼각형의 변끼리 붙여서 만드는 것이다. 이때 성냥개비는 몇 개가 필요할까?

삼각형을 따로따로 만들 때 - Ⓐ

삼각형 1개를 만드는 데는 언제나 성냥개비 3개가 사용된다.

이때 성냥개비 수는 삼각형 수의 3배이다. 따라서 8개의 삼각형을 만들려면 3×8=24개의 성냥개비가 필요하다.

모양	삼각형의 수	성냥개비의 수
	1	3
	2	6
	3	9

삼각형의 변끼리 붙여서 옆으로 이을 때 - Ⓑ

삼각형 1개를 만드는 데 3개의 성냥개비가 사용되었다. 그러나 삼각형을 따로따로 만들지 않고 나란히 붙여서 만들기 때문에 두 번째부터는 삼각형 1개를 만드는 데 성냥개비가 2개만 필요하다.

모양	삼각형의 수	성냥개비의 수
	1	3
	2	5
	3	7

이때 성냥개비 수는 삼각형 수의 3배가 아니고, 삼각형 수의 2배에다가 1을 더해야 한다. 따라서 8개의 삼각형을 만들려면 성냥개비가 8×2+1=17개 필요하다.

Ⓐ의 삼각형 수와 성냥개비 수의 비와 비율은 다음과 같다.

비(삼각형의 수:성냥개비의 수)	비율($\frac{삼각형의 수}{성냥개비의 수}$)
1 : 3	$\frac{1}{3}$
2 : 6	$\frac{2}{6}$
3 : 9	$\frac{3}{9}$
⋮	⋮
8 : 24	$\frac{8}{24}$

이때 비율은 모두 똑같다.

$$\frac{1}{3} = \frac{2}{6} = \frac{3}{9} = \cdots\cdots = \frac{8}{24}$$

Ⓑ의 삼각형 수와 성냥개비 수의 비율은 다음과 같다.

비(삼각형의 수:성냥개비의 수)	비율($\frac{삼각형의\ 수}{성냥개비의\ 수}$)
1 : 3	$\frac{1}{3}$
2 : 5	$\frac{2}{5}$
3 : 7	$\frac{3}{7}$
⋮	⋮
8 : 17	$\frac{8}{17}$

이때 비율은 서로 다르다.

$$\frac{1}{3} \neq \frac{2}{5} \neq \frac{3}{7} \neq \cdots\cdots \neq \frac{8}{17}$$

Ⓑ에 비하면 Ⓐ는 매우 규칙적이다. Ⓐ와 같은 경우를 '두 수 사이에 비가 일정하다.'라고 한다.

이번엔 삼각형의 수가 0개인 것부터 시작해서 삼각형 수와 성냥개비 수의 관계를 꺾은선그래프로 나타내 보자.

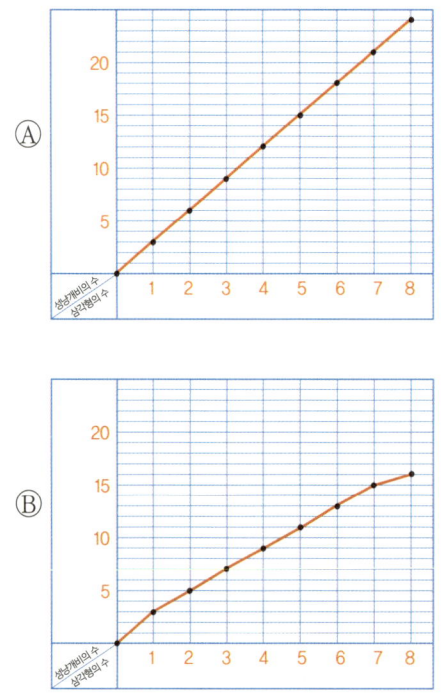

이 두 그래프를 살펴보면, 원점(가로축과 세로축이 모두 0인 점)에서부터 각 점들을 이었을 때 Ⓐ는 어디에서도 꺾이지 않고 곧은 직선으로 연결되었다. 이것은 비율이 똑같기 때문이다.

Ⓑ도 규칙이 있기는 하지만 Ⓐ처럼 삼각형 수와 성냥개비 수 사이에 '곱하거나 나누기만 하는' 관계가 성립하지는 않는다. 따라서 Ⓑ는 비율이 똑같지 않기 때문에 그래프로 나타냈을 때 중간이 꺾이는 그래프가 되는 것이다.

속력도 비율이다

다영이네 집에서 할머니 댁까지의 거리는 120km이다. 집 앞에서 지하철을 타고 할머니 댁까지 가는 데 1시간, 지하철을 타고 돌아오는 데 1시간이 걸렸다면, 왕복 거리는 240km, 왕복 시간은 2시간이다. 이것은 갈 때와 올 때 거리와 시간의 비가 같으므로 다음의 식으로 나타낼 수 있다.

$$\frac{120\text{km(갈 때 거리)}}{1\text{시간(가는 데 걸린 시간)}} = \frac{120\text{km(올 때 거리)}}{1\text{시간(오는 데 걸린 시간)}} = \frac{240\text{km(총 거리)}}{2\text{시간(총 걸린 시간)}}$$

이렇게 시간(기준량)에 대한 거리(비교하는 양)의 비를 속력이라고 한다.

$$\frac{(거리)}{(시간)} = 속력$$

따라서 속력도 비율이다. 비율로 나타낼 때는 기준량과 비교하는 양의 단위가 서로 다르다는 것도 알아 두자.

15세 미만 인구의 비율을 구하라

창의 융합 사고력

아래의 자료는 서울특별시, 경기도, 부산광역시 세 도시의 총 인구수와 15세 미만 인구수를 표로 나타낸 것이다. 2005년도의 전체 인구에 대한 서울, 경기, 부산의 15세 미만 인구 비율을 구하고 이 가운데에서 15세 미만 인구 비율이 가장 높은 도시는 어느 도시인지 써 보자.

총 인구수
(단위: 만 명)

	서울특별시	경기도	부산광역시
1995년	1021	763	380
2000년	985	893	365
2005년	976	1034	351
2010년	963	1119	339

15세 미만 인구수
(단위: 만 명)

	서울특별시	경기도	부산광역시
1995년	216	196	83
2000년	181	214	68
2005년	161	222	58
2010년	135	203	46

톡톡 수학 게임

사람이 몇 명 필요할까?

5명이 5미터의 땅을 파는 데 5시간이 걸린다.
100시간을 들여서 100미터를 파는 데는
최소한 몇 명이 필요할까?

역사 속 수학

세상에서 가장 아름다운 비율, 황금비

직사각형 모양으로 생긴 것에는 뭐가 있을까? 책, A4 용지, 엽서, 신분증, 신용카드……. 그런데 놀랍게도 이 물건들은 대부분 가로와 세로의 비가 1:1.618을 이루고 있다.

왜 하필이면 이 비에 맞춰 물건을 만든 걸까? 그것은 가로와 세로의 비가 1:1.618일 때 사람들이 가장 아름답고 편안하게 느끼기 때문이다. 이처럼 어떤 두 길이의 비가 1:1.618(약 5:8)이 될 때 이 비를 '황금비'라고 한다.

꽃잎의 모양, 꽃과 잎의 배치, 해바라기 씨앗의 배열, 조개나 소라의 생김새 등 자연 속의 여러 현상이 황금비로 되어 있다. 그래서 사람들은 황금비를 '자연의 질서를 담은 신비한 비율'이라고 말한다.

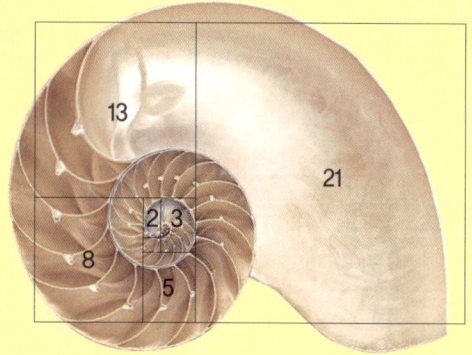

소라 속의 황금비
피보나치 수열 1, 1, 2, 3, 5, 8, 13……은 앞항과 뒤항의 비가 점차 황금비를 이루는데 이것을 그림으로 나타내면 나선 모양의 소라 그림이 된다.

비너스 조각상
배꼽을 기준으로 상반신과 하반신의 비가 1 : 1.618이다.

자연의 이러한 비율을 처음 발견한 사람은 수학자 피타고라스였다. 그는 정오각형 안에 별 모양을 그려 넣으면, 이 별의 여러 곳에서 황금비가 나타난다는 사실을 알아냈다. 그리고 이 '정오각형 별'을 자기 학파의 상징으로 삼았다. 그리스 시대의 예술가들도 이 신비한 비율을 건축과 조각 등에 널리 이용했다. 그 대표적인 건물이 그리스 아테네의 파르테논 신전이다. 우리나라의 유명한 건축물인 부석사 무량수전도 황금비를 잘 활용해 최고의 아름다움을 지녔다.

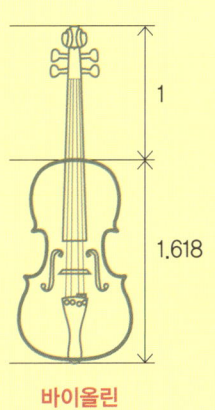

바이올린

그리스 아테네의 파르테논 신전(위)과 우리나라의 부석사 무량수전(아래)
두 건축물 모두 바닥의 가로와 높이가 황금비를 이루고 있다고 한다.

7 비율 표현하기

매실 농축 과실즙 6.4%, 50% 할인 판매, 3할 4푼 5리의 타율······.

우리가 자주 접하는 이런 말들은 모두 비율을 표현한 것이다.

비율은 기준량에 대한 비교하는 양의 크기로, 기준량을 100으로

할 때의 비율을 백분율이라고 하고 %(퍼센트) 기호로 나타낸다.

비율이 0.001이면 백분율은 0.1%(1리), 비율이 0.01이면

백분율은 1%(1푼), 비율이 0.1이면 백분율은 10%(1할),

비율이 1이면 백분율은 100%(10할)가 된다.

비율은 그래프로도 나타낼 수 있다.

초등 6-2	초등 6-2
비례식과 비례 배분	비율 그래프

스토리텔링 수학
40‰의 비밀

풍랑이 거센 검은 바닷가.

보물섬을 향해 가던 해적선에 정인이가 인질로 잡혀 있다. 정인이의 손에는 보물 지도가 들려 있다. 폭풍우가 점점 거세지면서 거대한 파도가 배를 덮친다. 여기저기 찢기고 부서진 배에서 정인이와 해적들이 기어 나왔다.

"아……, 여기가 어디지?"

"목말라……. 물, 물……."

선장은 여기저기 흩어져 신음하는 선원들을 향해 말했다.

"아무리 목이 말라도 바닷물을 먹지 마라. 이 바닷물의 농도는 40‰(퍼밀)이 넘는다."

선장의 말을 이해하지 못한 정인이는 갈증을 더 이상 참을 수 없어 바닷물을 먹었다. 이를 본 선장이 다가와 빈정거리며 말했다.

"푸하하하! 이 무식한 녀석아, 이 바닷물은 1L에 40g의 소금이 들어 있어 매우 짜다. 그러니 갈증이 없어지기는커녕 점점 더 목이 마를걸? 네 몸속의 수분이 밖으로 빠져나오기 때문이지. 먹구름이 몰려오고 있으니 곧 비가 내릴 거야. 그러면 우리는 빗물을 먹겠지만, 너는 이미 마신 바닷물 때문에 이곳에 영원히 잠들 거야."

선장의 말이 귓전에 맴도는 듯싶더니 정인이는 정신을 잃고 쓰러졌다. 잠시 후, 정신을 잃고 쓰러진 정인이의 얼굴 위로 빗방울이 떨어졌다.

"정인아, 어서 일어나! 지금이 몇 신데 아직까지 자니?"

정인이는 가까스로 눈을 뜨고 잠이 덜 깬 목소리로 말했다.

"40‰, 40‰……."

정인이는 꿈속에서 바닷물을 먹었다. 바닷물의 짠 정도를 나타낼 때 '‰(퍼밀)'이라는 단위를 쓴다. ‰은 전체를 1000으로 했을 때 그 가운데 얼마인가를 알아보는 것인데, 예를 들어 바닷물 1L(1000g)에 들어 있는 소금의 양이 35g이라면 35‰(퍼밀)이라고 한다.

35‰은 기준값을 1000으로 한 비율이므로 $\frac{35}{1000}$, 즉 0.035를 나타낸다.

개념과 원리

비율을 나타내는 방법

할푼리와 백분율

비율은 분수나 소수로 나타내며 할푼리, 백분율로도 나타낼 수 있다.

할푼리

앞에서 배웠듯이 분수와 나눗셈은 밀접한 관계에 있기 때문에 분수를 소수로 나타낼 수도 있다. 예를 들어 비 3:4를 비율로 나타내면 분수 $\frac{3}{4}$ 또는 소수 0.75이다.

하지만 비율을 소수로 나타내려면 소수점도 찍어야 하는 데다가 소수점 뒤에 숫자가 많으면 복잡하게 보이기도 한다. 그래서 소수로 나타낸 비율을 자연수로만 나타낼 수 있는 방법에 대해 고민한 끝에 할푼리로 읽는 방법을 만들었다. 소수 첫째 자리는 '할', 소수 둘째 자리는 '푼', 소수 셋째 자리는 '리'. 이렇게 소수 자릿수에 따라 '할푼리'라는 자릿값을 붙여서 자연수처럼 말하는 것이다.

23.123
↑
소수점

→ 소수 첫째 자리(할)
→ 소수 둘째 자리(푼)
→ 소수 셋째 자리(리)

0.75 → 7할 5푼

0.187 → 1할 8푼 7리

2.359 → 23할 5푼 9리

○○는 시범 경기에서 5승 2무로 1위를 달리고 있다. 일본 오키나와 전지 훈련 때 △△, ××와 3차례씩 벌인 연습 경기에서도 5승 1패를 올렸다. 13경기에서 10승 2무 1패, 승률이 9할을 넘는다.

위 신문 기사에서 '승률'이란 전체 경기 수에 대한 승리한 경기의 비율을 말한다. 13번의 경기에서 1번만 졌으므로 승률은 $\frac{12}{13}$이다. 이를 소수로 나타내면 약 0.92로, 9할 2푼이다. 따라서 "승률이 9할을 넘는다."라고 할 수 있다.

백분율

백분율은 기준량을 100으로 할 때 그에 대한 비율을 %(퍼센트)라는 기호로 나타낸 것이다. 즉, 비율에 100을 곱해서 소수를 자연수로 나타내는 것이다.

$$(백분율) = (비율) \times 100 = \frac{(비교하는 양)}{(기준량)} \times 100 (\%)$$

$\frac{3}{4}$이라는 비율을 백분율로 나타내 보자.

$$\frac{3}{4} = 0.75 \xrightarrow{\times 100} 75(\%)$$

여기서 백분율을 나타내는 기호 '%'를 자세히 보면 100과 닮았다. 0.75와 75는 분명히 다르기 때문에 뭔가 표시를 해야 한다. 이때 원래 수의 100배임을 밝히면 혼란을 없앨 수 있다. 그래서 원래 수를 100배 했다는 의미로 0.75=75%처럼 기호 '%'를 사용해서 나타냈다.

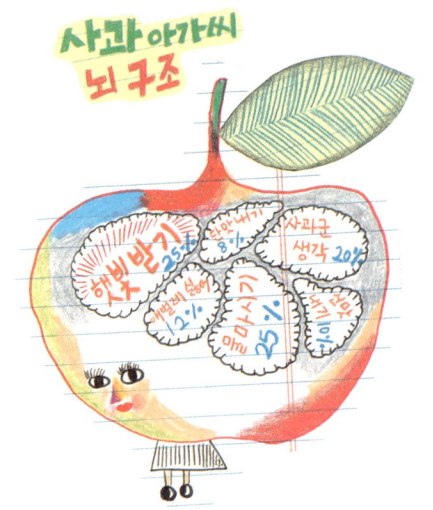

백분율을 쓰는 까닭은 할푼리와 마찬가지로 비율을 소수나 분수로 나타내는 데 따르는 불편함을 줄이기 위해서다. 즉, 100배를 해서 자연수로 나타내면 알아보기 쉽기 때문이다.

백분율은 수학뿐만 아니라 우리의 일상생활에서 자주 사용되고 있다. 설문 조사에서 답한 사람들의 비율이나 음식물에 들어간 재료의 함량을 %로 나타낸다. 또, 도로의 표지판에서는 도로의 기울어진 정도를 각도로 나타내지 않고 퍼센트를 사용해서 나타낸다. 이처럼 100을 기준으로 했을 때 그에 미치지 못하거나 그 이상을 나타낼 때 백분율을 사용한다.

음식물의 재료 함량

오르막 경사 표지판

내리막 경사 표지판

다음은 경인이네 반 부모님들의 직업을 나타낸 표이다. 직업별로 백분율을 구하시오.

직업	가구 수	백분율(%)
농업	6	
상업	10	
회사원	18	
공무원	4	
기타	2	
계	40	

전체 가구수가 40이므로, 각 직업의 백분율을 구하려면 $\frac{(직업별\ 가구\ 수)}{(전체\ 가구\ 수)} \times 100(\%)$을 계산해야 한다.

농업 $\frac{6}{40} \times 100 = 15(\%)$

상업 $\frac{10}{40} \times 100 = 25(\%)$

회사원 $\frac{18}{40} \times 100 = 45(\%)$

공무원 $\frac{4}{40} \times 100 = 10(\%)$

기타 $\frac{2}{40} \times 100 = 5(\%)$

띠그래프와 원그래프

숫자를 써서 비율을 나타내는 방법도 있지만 비율을 그림으로 나타내 이해하거나 알아보기 쉽게 하기도 한다. 비율을 그림으로 나타낸 그래프에는 띠그래프와 원그래프가 있다.

띠그래프

전체에 대한 각 부분의 비율을 띠 모양으로 나타낸 그래프를 띠그래프라고 한다. 하나의 띠 전체를 100으로 본 다음, 구하고자 하는 비율을 크기에 맞게 표현한 그래프이다. 띠에서 차지하는 부분이 많으면 비율이 높은 것이고, 적으면 비율이 낮은 것이다.

띠그래프를 그리는 방법은 전체 띠의 길이를 정한 다음, 이 길이를 100으로 나누어서 퍼센트에 맞게 가르고 내용을 적으면 된다.

우리나라 1인 가구 비율

(단위 : %)

연도	1인 이상 가구	1인 가구
1995년	88	12
2000년	85	15
2005년	81	19
2010년	77	23

원그래프

전체에 대한 각 부분의 비율을 원에 나타낸 그래프를 원그래프라고 한다. 하나의 원 전체를 100으로 본 다음, 구하고자 하는 비율을 크기에 맞게 표현한 그래프이다.

원그래프에서는 부채꼴의 중심각이 크면 비율이 높은 것이고, 중심각의 각도가 작으면 비율이 낮은 것이다. 원 중심각의 합계가 360°이므로 원그래프를 그릴 때에는 비율을 각도로 바꾸어 계산해서 그리면 된다.

감자의 영양

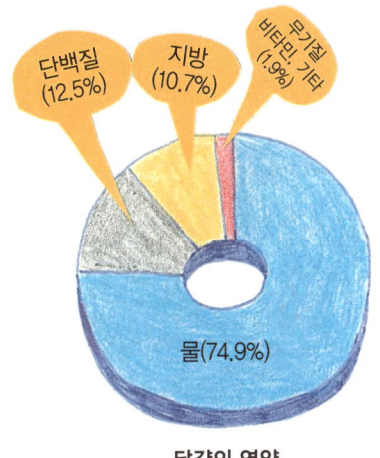

달걀의 영양

다음 그래프에서 촌락 인구라고 표시한 부분의 중심각과 도시 인구라고 표시한 부분의 중심각이 얼마인지 구해 보자.

우리나라 촌락과 도시의 인구수

이 그래프에서는 전체 인구를 도시 인구와 촌락 인구로 구분하고 있다. 촌락 인구가 940만 명, 도시 인구가 3670만 명이므로 전체 인구는 4610만 명이다.

따라서 촌락 인구의 비율은 $\frac{940만}{4610만}$으로, 0.204이다. 0.204는 약 0.2이므로 분수로 바꾸면 $\frac{1}{5}$이 된다. 도시 인구의 비율은 약 0.8이다.

360°의 $\frac{1}{5}$은 72°이므로 촌락 인구로 표시한 부분의 중심각은 72°이다. 도시 인구수의 중심각은 360°−72°=288°이다.

이 그래프를 띠그래프로 나타내면 다음과 같다.

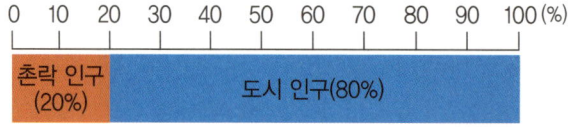

다음은 학교 방송국에서 600명의 학생들을 대상으로 장래 희망을 조사해 나타낸 원그래프이다. 각 직업을 선택한 학생의 수를 구해 보자.

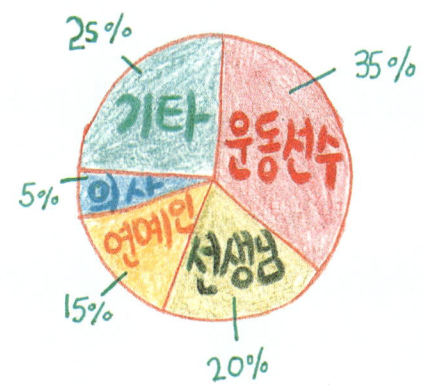

전체 학생 수가 600명이므로 장래 희망의 백분율은 $\dfrac{(각\ 부분의\ 학생\ 수)}{(전체\ 학생\ 수)} \times 100(\%)$을 계산한 것이다. 백분율은 이미 나타나 있고 장래 희망 직업을 선택한 학생 수를 구해야 하므로 계산을 거꾸로 해야 한다.

운동 선수 $\dfrac{\blacksquare}{600} \times 100 = 35(\%) \rightarrow \blacksquare = 210(명)$

선생님 $\dfrac{\blacksquare}{600} \times 100 = 2(\%) \rightarrow \blacksquare = 120(명)$

연예인 $\dfrac{\blacksquare}{600} \times 100 = 15(\%) \rightarrow \blacksquare = 90(명)$

의사 $\dfrac{\blacksquare}{600} \times 100 = 5(\%) \rightarrow \blacksquare = 30(명)$

기타 $\dfrac{\blacksquare}{600} \times 100 = 25(\%) \rightarrow \blacksquare = 150(명)$

창의 융합 사고력
이익은 얼마일까?

'콧수염 슈퍼마켓'에서는 사과 1개를 1000원에 사 와서 20%의 이익을 붙여 1200원에 팔았다. 그런데 사과가 잘 팔리지 않자 20%를 할인해 팔기 시작했다. 이 가게는 사과를 사 온 가격과 똑같이 파는 바람에 아무런 이익을 남기지 못한 것일까? 아니면 손해를 본 것일까?

톡톡 수학 게임

주사위의 눈은 몇일까?

다음 그림에서 맨 아래에 있는 주사위 밑면의 눈은 몇일까?

7 비율 표현하기 · 127

> 역사 속 수학
퍼센트와 할푼리의 유래

영어 percent(퍼센트)는 per(~에 대하여)와 cent(100)의 합성어이다. 그래서 100년을 뜻하는 영어는 'century(센추리)'라고 한다. 그럼 퍼센트라는 기호(%)는 어떻게 만들어진 것일까?

$$\text{Ƥc̃} \rightarrow \text{Ƥc̊} \rightarrow \text{Ƥ}\frac{0}{0} \rightarrow \%$$

처음에는 per(Ƥ) cent(c̃)였다가 점점 바뀌어 현재의 모습이 되었다. 퍼센트는 곧 백분율(百分率)로 '100(百)으로 나눈(分) 비율(率)'이라는 뜻이다. 퍼센트나 백분율이나 모두 기준값을 100으로 한 비율을 가리키는 용어이다.

동양에서는 소수 첫째 자리($\frac{1}{10}$)를 '분(分)' 또는 '푼', 소수 둘째 자리($\frac{1}{100}$)를 리(厘), 소수 셋째 자리($\frac{1}{1000}$)를 모(毛)라고 읽었다. 예를 들어 0.123은 '1분 2리 3모'라고 읽었다.

이렇게 원래 소수의 자릿값에는 할(割)이라는 단위가 없는데, 우리는 지금 0.123을 '1할 2푼 3리'라고 읽는다. '할'은 원래 수의 단위를 뜻하는 말이 아니라 '비율'이라는 뜻을 가진 일본 말이다.

이 말이 일제 강점기 이후에 우리나라에서 지금까지 사용되고 있는 것이다.

옛날에는 퍼센트로 계산해야 할 만큼 사람들의 생활이 복잡하지 않았다. 하지만 현대인들은 퍼센트 계산에 능숙해야 한다. 특히 돈 계산을 할 때 퍼센트가 자주 쓰인다.

예를 들어 100만 원을 은행에 1년 동안 예금하면 7%의 이자를 준다고 할 때, 100만 원에 대한 7%는 7만 원이다. 따라서 1년 뒤에 저금한 돈을 찾으면 100만 원에 대한 이자 7만 원이 보태져서 총 107만 원이 된다.

그런데 이 돈을 찾지 않고 1년 동안 더 은행에 맡겨 두면 어떻게 될까? 원금은 이제 100만 원이 아닌 107만 원으로 늘어났다. 그러니까 107만 원에 대한 7%를 계산해야 한다. 따라서 7만 4900원의 이자가 또 생기는데, 이 돈을 원금 107만 원과 더하면 총 114만 4900원이 된다.

8 비례식과 함수

1:2와 2:4의 비율은 똑같이 $\frac{1}{2}$이다. 그러므로 1:2=2:4라는 등식이 성립한다. 이처럼 비율이 같은 두 비를 등식으로 나타낸 것을 '비례식'이라고 한다. 비 1:2에서 앞에 있는 1을 앞 전(前) 자를 써서 전항, 뒤에 있는 2를 뒤 후(後) 자를 써서 후항이라고 한다. 또 비례식 1:2=2:4에서 바깥쪽에 있는 1과 4를 밖 외(外) 자를 써서 외항, 안쪽에 있는 2와 2를 안 내(內) 자를 써서 내항이라고 한다. 어떤 식이 비례식인지 아닌지를 알려면, 외항의 곱과 내항의 곱이 서로 같은지를 비교해 보면 된다.

초등 6-1	초등 6-2	중학 1-1
비와 비율	비례식과 비례 배분	함수

스토리텔링 수학
맛과 비율의 관계는?

"빵 2개를 만드는 데 달걀이 3개 필요하다면, 빵 4개를 만드는 데는 달걀이 몇 개 필요할까요?"

준희가 손을 번쩍 들고 말했다.

"6개요. 빵 2개를 만드는 데 달걀이 3개 필요하니까 빵 4개를 만들려면 달걀도 2배가 필요하잖아요."

이때 준희의 뒤에 앉은 시현이가 큰 소리로 말했다.

"저는 그렇게 생각하지 않습니다. 우리 엄마는 빵 4개를 만들 때도 밀가루만 잔뜩 붓고 달걀은 1개만 더 넣으시던데요?"

"푸하하하~~~"

교실 안은 아이들의 웃음소리로 떠들썩했다.

반 아이들의 웃음소리가 잦아들자 선생님께서 또 문제를 내셨다.

"라면 1개를 끓일 때 물 550mL가 필요하다면, 라면 5개를 끓이려면 물이 얼마나 필요할까요?"

아이들이 너도나도 손을 들면서 "2750mL요!"라고 입을 모았다.

그러나 준영이의 대답은 달랐다.

"라면 여러 개를 끓일 때는 물을 좀 적게 넣어야 맛있습니다!"

선생님의 표정은 어땠을까?

"빵 2개를 만드는 데 달걀이 3개 필요하다."라는 말의 의미는 '빵 2개를 만들 때 달걀 3개를 반드시 사용해야 한다.'는 것이다. 따라서 빵 1개를 만들 때는 달걀 1.5개, 빵 4개를 만들 때는 달걀 6개가 필요하다.

집에서 빵을 만들 때는 만드는 사람의 마음대로 할 수도 있겠지만, 제과점이나 빵 공장이라면 어떨까? 빵을 비율에 맞게 만들지 않으면 맛도 다르고 크기도 달라서 여기저기서 불평이 나올 것이다.

또한 라면의 개수와 물의 비율은 1개당 550mL로 '일정'하다. 따라서 라면 5개를 끓일 때는 2750mL의 물이 필요하다.

개념과 원리

비례식, 그리고 함수

비율이 다른 경우와 같은 경우

다솜이와 엄마는 생일이 같다. 오늘은 엄마가 36세가 되고, 다솜이가 12세가 되는 날이다. 엄마 나이는 다솜이 나이의 3배이다.

$$\frac{36}{12}=3$$

내년에는 어떻게 될까?

엄마는 37세가 되고 다솜이는 13세가 된다. 따라서 다솜이 나이에 대한 엄마 나이의 비율은 $\frac{37}{13}$이다.

$$\frac{37}{13}=2.846153846\cdots$$

따라서 엄마와 다솜이의 나이 비율은 올해와 내년이 같지 않다.

그렇다면 비율이 늘 똑같은 경우도 있을까?

생활에서 많이 사용하는 A4 용지를 보자. A4 용지는 가로 210mm, 세로 297mm이다.

 이 종이를 반으로 자르면, 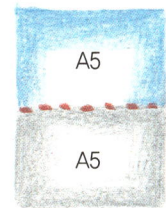 이다.

반으로 자른 종이 중 한 조각을 방향을 바꾸어 원래 크기의 종이인 A4 용지에 대어 보자.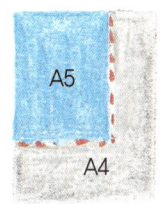

그러고 나서 대각선을 그어 보면 꼭짓점끼리 만난다.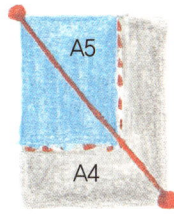

이렇게 두 직사각형에서 서로 마주보는 꼭짓점끼리 만나면, 두 도형의 크기는 다르더라도 모양은 같다는 것을 의미한다. 이때 두 도형은 서로 닮았다고 한다.

A4 용지를 반으로 가른 것을 A5라고 하는데, 이 종이들은 2등분, 4등분을 해도 원래 종이와 비율이 같도록 미리 계산해서 만들어졌다. 왜 그랬을까? 복사기를 이용해 확대하거나 축소해도 글자가 옆으로 퍼지지 않고 그 모양 그대로 복사될 수 있도록 하기 위해서이다.

종이 크기(가로×세로)

(단위: mm)

A1	594×840	B1	728×1030
A2	420×594	B2	515×728
A3	297×420	B3	364×515
A4	210×297	B4	257×364
A5	148×210	B5	182×257
A6	105×148	B6	128×182
A7	74×105	B7	91×128

기호 '×'는 ':'를 나타냄.

이 종이들의 가로와 세로의 비율을 계산해 보면, 종이 크기는 달라도 가로와 세로의 비는 모두 약 1.414로 똑같다. 이렇게 비율이 서로 같으면 같음을 나타내는 기호 '등호(=)'를 사용해서 간단한 식으로 표시할 수 있다.

A1의 '가로:세로'는 A3의 '가로:세로'와 같다.

$$594:840=297:420$$

비율이 같은 두 식을 등호로 연결한 것을 비례식이라고 한다.

비례식: 비율이 같은 두 비를 등식으로 나타낸 식

A(비교하는 양):B(기준량)=A′(비교하는 양):B′(기준량)

또한 A1의 가로와 세로는 A3의 가로와 세로의 2배이다.

594:840=297:420

이때 594=297×2 이고, 840=420×2이다.

그리고 594×420=297×2×420이고, 840×297=420×2×297이다.

594×420
594:840=297:420
840×297

594×420=840×297

비례식에서는 언제나 다음과 같은 관계가 성립한다.

비례식의 성질
- 비의 전항과 후항에 같은 수를 곱해도 비율은 같다.
- 비의 전항과 후항을 (0이 아닌) 같은 수로 나누어도 비율은 같다.
- 내항끼리의 곱은 외항끼리의 곱과 같다.

정비례와 반비례

비는 한 수를 다른 수로 나눈 몫을 말한다. 이 몫이 일정하면 (정)비례 관계라고 한다. 이와는 달리 두 수의 '곱'이 항상 일정할 때도 있는데, 이를 반비례 관계라고 한다.

다음 두 이야기를 보며 비례와 반비례에 대해 알아보자.

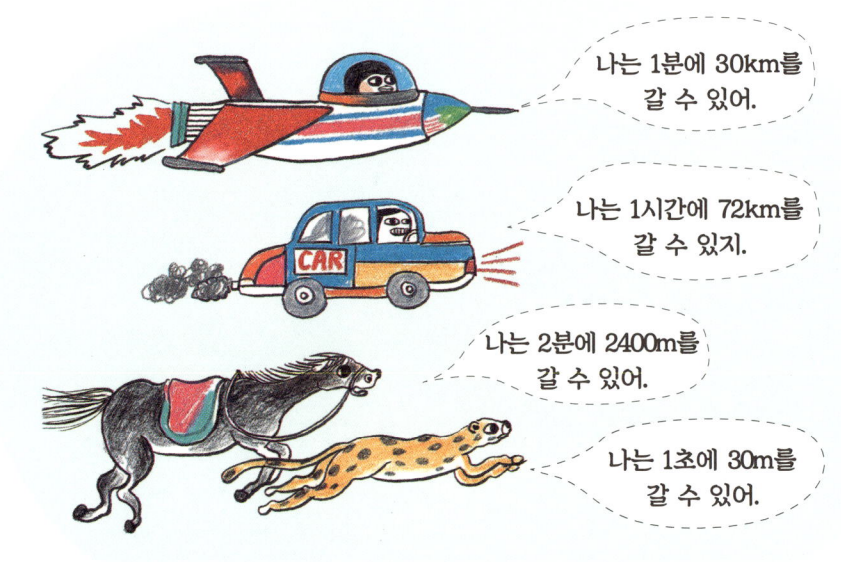

먼저, 위 그림에서 비행기, 자동차, 말, 표범이 각각 달리는 속력은 달라지지 않는다고 해 보자.

비행기는 1분에 30km를 가므로 2분에는 60km를 갈 것이다. 자동차는 1시간에 72km를 가므로 2시간에는 144km, 3시간에는 216km를 갈 것이다. 말은 2분에 2400m를 달리므로 1200m를 달리는 데는 1분밖에 걸리지 않을 것이다. 1초에 30m를 달리는 표범은 1분 동안 1800m를 갈 것이다.

이때 각각의 속력, 즉 '(거리)÷(시간)'은 항상 똑같다. 이처럼 두 수의 몫이 언제나 똑같은 경우를 정비례라고 한다.

위의 그림을 보자. 두 마리의 말이 2시간 동안 쉬지 않고 톱니를 돌려서 8.5L의 물을 끓일 수 있다고 한다. 만약 같은 양의 물을 말 1마리가 끓인다면 시간은 얼마나 걸릴까?

말이 1마리밖에 없다면 일의 양은 변함이 없는데 일손은 반으로 줄어든 셈이다. 따라서 말 1마리는 4시간 동안 일을 해야 한다. 즉, 2마리가 2시간 동안 한 일의 양과 1마리가 4시간 동안 한 일의 양은 같다.

2마리×2시간=1마리×4시간

이와 같이 두 수의 곱이 언제나 똑같은 경우를 반비례라고 한다.

함수

다음은 대응표를 보고 알 수 있는 ■와 ▲사이의 관계를 식으로 나타내는 문제이다.

먼저, ①은 ■에다 3을 더하면 ▲가 된다. ②는 ■에서 2를 빼면 ▲가 된다. 그리고 ③은 ■의 4배가 ▲이다.

이처럼 ■에 어떤 수를 더하거나 곱하거나 빼거나 나누어서 ▲를 구하려면, ■와 ▲ 사이에 어떤 관계가 있어야 한다.

이런 것을 함수라고 한다. 즉, 함수란 ■와 ▲ 사이에 식으로 표현할 수 있는 관계가 있는 것을 말한다.

함수는 대응표, 식, 그래프로 나타낼 수 있다.

앞의 대응표와 식은 모두 함수이다.

■가 300일 때 ①의 ▲는 303이고, ②의 ▲는 298이고, ③의 ▲는 1200이다. 이 가운데에서 ③은 비례 관계를 나타내는데, 모든 비례와 반비례는 두 수 사이에 일정한 관계가 있으므로 함수가 된다.

우리 생활에서도 함수 관계를 자주 찾아볼 수 있다.

300원을 넣으면 초콜릿이 1개 나오는 자동 판매기가 있다면, 600원을 넣으면 2개, 900원을 넣으면 3개가 나온다. 대응표로 나타내면 ■는 300원 단위로 달라지는 금액, ▲는 초콜릿의 개수이고, 금액이 2배가 되면 초콜릿의 개수도 2배가 되므로, 이 관계는 정비례 관계이다. 정비례 관계를 식으로 나타낸 것이 비례식이다.

▲ (개수)	1	2	3	4
■ (가격)	300	600	900	1200

■ = ▲ × 300

아날로그 시계 속의 톱니바퀴들도 일정한 관계를 유지한다. 톱니가 120개인 바퀴가 1바퀴 도는 동안 톱니가 60개인 바퀴는 2번 돈다. 대응표에서 ■는 톱니 수, ▲는 회전 수를 나타낸다. 이때 톱니 수와 회전 수의 곱은 일정한 관계가 있다. 따라서 톱니 수와 회전 수는 반비례 관계이다.

▲ (회전 수)	1	2	3	4	5	6
■ (톱니 수)	120	60	40	30	24	20

■ × ▲ = 120

창의 융합 사고력
재료의 양을 계산하라

다음 녹차 쿠키를 만들 때 필요한 재료를 보고 밀가루의 양에 따른 재료의 양을 계산해 보자.

녹차 쿠키 만드는 법

재료: 밀가루 220g, 녹차가루 8g, 소금 4g, 버터 225g, 슈거 파우더 35g

1. 밀가루, 녹차가루, 소금을 체에 친다.

2. 버터와 슈거 파우더를 크림과 같은 상태가 될 때까지 잘 섞은 뒤 1과 2를 섞어 반죽한다.

3. 2를 0.6cm 두께로 얇게 편 다음 냉장고에 30분간 넣어 둔다.

4. 3을 적당한 크기나 모양으로 자른 다음 오븐에서 15~20분간 굽는다.

밀가루	녹차가루	소금	버터	슈거 파우더
220g	8g	4g	225g	35g
440g				
110g				
500g				

톡톡 수학 게임

모두 무사히 강을 건너려면?

농부가 여우 한 마리와 양 한 마리, 그리고 양배추를
갖고 여행하던 중 강을 만났으나 다리가 없었다.
이 강을 건너려면 한 가지만 가지고 갈 수 있다.
그런데 여우와 양을 남겨 두면, 여우가 양을 잡아먹고,
양과 양배추를 남겨 두면 양이 양배추를 먹어 버린다.
모두 무사히 강을 건너려면 어떻게 해야 할까?

역사 속 수학
지팡이로 피라미드의 높이를 재다

고대 이집트 사람들은 사람의 육신이 죽어도 영혼은 죽지 않으며 언젠가는 다시 돌아온다는 영혼 불멸설을 굳게 믿었다. 그래서 왕이 죽으면 미라를 만들어 커다란 각뿔 모양의 돌무덤 속에 두었는데, 이 무덤이 바로 피라미드이다.

수학의 아버지로 불리는 탈레스(Thales, 기원전 624~기원전 546?)는 지팡이 하나로 이 거대한 피라미드의 높이를 재서 세상 사람들을 깜짝 놀라게 했다. 탈레스는 어떤 방법을 썼을까?

그는 지팡이 그림자와 피라미드의 그림자 끝이 일치하는 지점에 지팡이를 꽂았다. 이때 피라미드 옆에 꽂은 지팡이의 길이와 지팡이 그림자

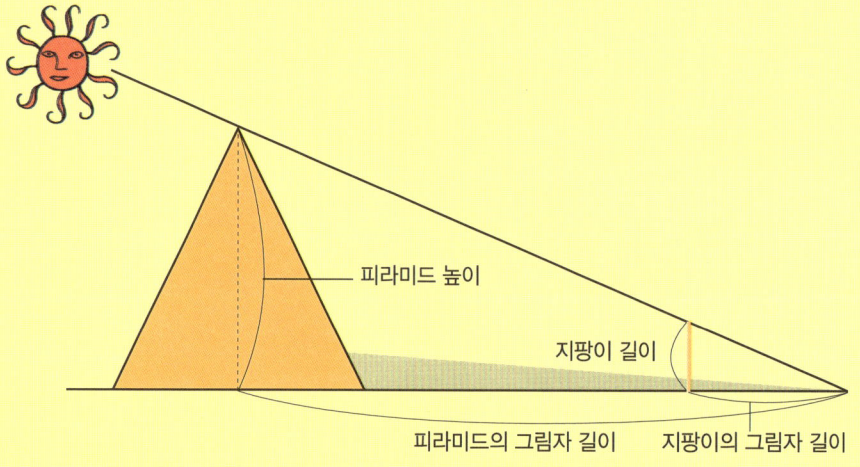

피라미드의 높이 : 피라미드의 그림자 길이 = 지팡이의 길이 : 지팡이의 그림자 길이

길이의 비가 같으면, 피라미드의 높이와 피라미드의 그림자 길이의 비도 같다. 탈레스는 비례식의 성질을 이용해 손쉽게 피라미드의 높이를 구한 것이다.

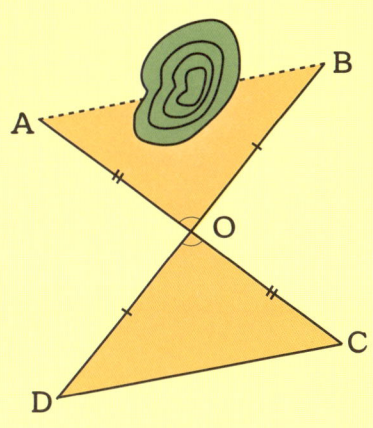

탈레스는 비례식을 이용해서 산으로 가로막힌 두 지역 간의 거리도 구했다.

한 지점(O)에서 산 양쪽에 있는 두 지점 A와 B를 바라볼 수 있다면, O에서 선을 연장해서 AO와 같은 거리가 되도록 C를 정한다. 또 O에서 선을 연장해서 BO와 같은 거리가 되도록 D를 정한다. 그러면 이 두 삼각형은 모양과 크기가 똑같은 도형이 된다. 따라서 산으로 가로막힌 A와 B 사이의 거리는 C와 D 사이의 거리와 같다.

비례식만 알면 이렇게 쉬운걸!

9 확률

"숙제를 안 해 가면 선생님께 혼날까?"

"그걸 말이라고 하니? 혼날 확률이 100%지."

이처럼 확률은 어떤 결과가 나타나는 비율을 뜻한다.

수학에 확률이라는 영역이 생겨난 것은 17, 18세기로 비교적 현대의 일이다. 그때는 유럽에서 인구도 늘고, 무역도 활발해지던 시기였다. 무역을 하러 배를 타고 떠나는 상인들은 출발하기 전에 보험을 들었다. 이때 납부하는 금액과 받을 수 있는 보험금을 정하는 데 확률 이론이 큰 기여를 했고, 그 뒤 확률 이론에 기초해서 통계학이 발달했다.

초등 6-2	중학 2-2
가능성	확률

스토리텔링 수학

더할 때와 곱할 때

유라는 내일 학교에 가져갈 색도화지를 사기 위해 집을 나섰다. 집 앞 네거리에 이르자, 날마다 편의점으로 갈지, 짱구 문구점으로 갈지, 아니면 와와 문구점으로 갈지 망설여졌다. 고민 끝에 유라는 모퉁이를 돌아 조금 멀리 있는 짱구 문구점으로 갔다. 하지만 문이 닫혀 있었다.

유라는 할 수 없이 길 건너편에 있는 와와 문구점으로 가려고 네거리에 서서 신호등이 바뀌길 기다렸다. 그때 선경이가 다가왔다.

"선경아, 너도 색도화지 사러 가니?"

"응. 와와 문구점이 문을 닫아서 짱구로 가던 참이야."

"뭐? 거기도 문을 닫았다고? 짱구도 문 닫았던데……."

그렇다면 이제 한 가지 경우만 남았다.

편의점으로 발길을 돌렸으나 그곳에는 색도화지가 없었다.
"이럴 줄 알았으면 미리미리 준비할걸."

유라가 처음에 가려고 한 곳은 세 군데 가운데 한 군데였다. 이 중에서 **하나만** 선택하는 방법은 3가지이다. 문구점은 두 군데이고 편의점은 한 군데이므로 모두 더하면 3가지이다.

┌─── 문구점 수
│ ┌─ 편의점 수
↓ ↓
2 + 1 = 3 (가지)

유라는 짱구 문구점에 갔다가 편의점으로 갔고, 선경이는 와와 문구점에 갔다가 편의점으로 갔다. 2개의 문구점 가운데 하나를 선택한 다음 1개의 편의점을 선택할 때에는 곱셈을 해야 한다.

┌─── 문구점 수
│ ┌─ 편의점 수
↓ ↓
2 × 1 = 2 (가지)

개념과 원리

경우의 수와 확률

가는 길과 오는 길

학교에서 집으로 오는 길에 신발주머니를 떨어뜨렸다. 가장 빠른 길로 가서 신발주머니를 얼른 찾아오려면 어느 길로 가야 할까?

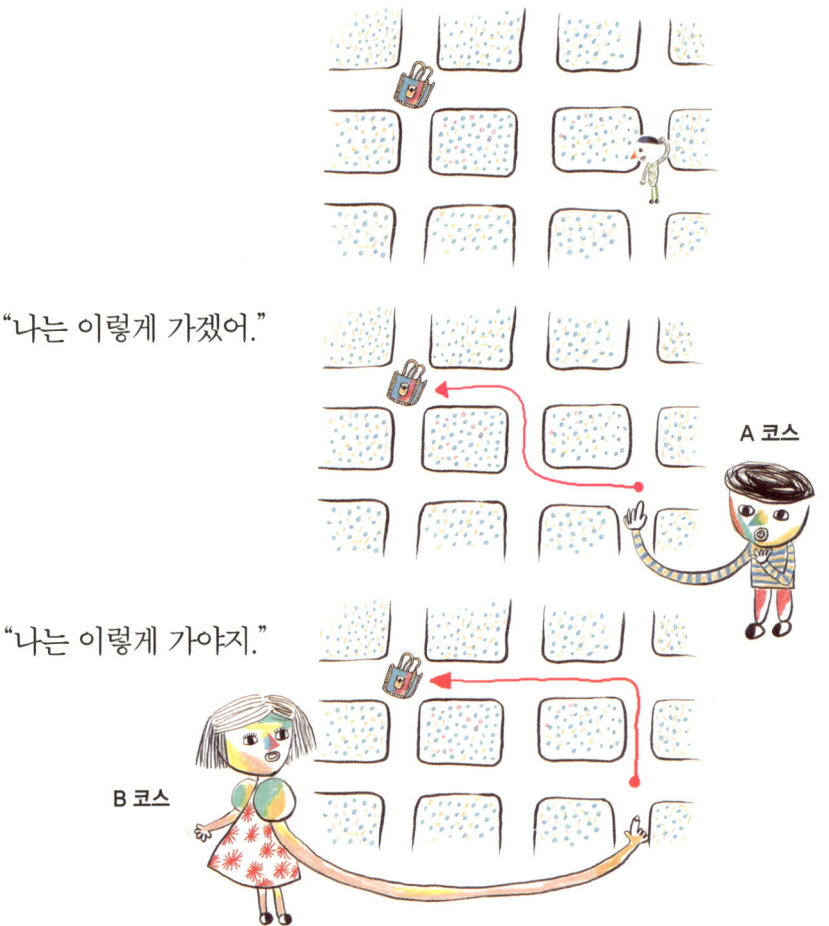

"나는 이렇게 가겠어."

A 코스

"나는 이렇게 가야지."

B 코스

"나는 이렇게 갈 거야."

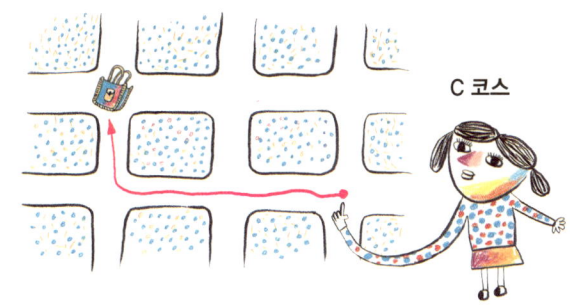

C 코스

어느 길로 가든지 거리는 같으므로(꺾어지는 데 걸리는 시간을 제외하면 거리는 같다) 선택할 수 있는 경우는 모두 3가지다. 하지만 몸이 3개가 아니므로 이 가운데에서 한 가지만 선택해야 한다.

어떤 일(사건)이 일어날 수 있는 경우의 가짓수를 경우의 수라고 하는데, 이 상황에서는 일어날 수 있는 모든 경우의 수가 3가지다. 그리고 이 가운데에서 한 가지만 선택해야 한다. 따라서 모든 경우의 수에 대하여 선택할 일부 경우의 수의 비율은 $\frac{1}{3}$이다.

모든 경우의 수에 대한 일부 경우의 수의 비율을 확률이라고 한다.

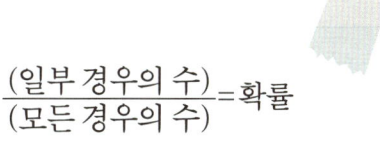

$$\frac{(일부 경우의 수)}{(모든 경우의 수)} = 확률$$

따라서 신발 주머니를 찾으러 갈 때 우리가 어느 한 길을 선택할 확률은 $\frac{1}{3}$이다.

자, 이제 신발주머니를 찾아서 되돌아오려고 한다. 돌아올 때는 어느 길로 올까?

"나라면 다른 길로 올 거야." "나는 갔던 길로 되돌아올 거야."

A코스로 갔다면 올 때는 A코스로 올 수도 있고, B코스로 올 수도 있고, C코스로 올 수도 있다. 또, B코스로 갔다면 올 때는 A코스로 올 수도 있고, B코스로 올 수도 있고, C코스로 올 수도 있다. C코스도 마찬가지다. C코스로 갔다면 올 때는 A코스로 올 수도 있고, B코스로 올 수도 있고, C코스로 올 수도 있다.

3가지	3가지	3가지
A로 갔다가 A로 오기	B로 갔다가 A로 오기	C로 갔다가 A로 오기
A로 갔다가 B로 오기	B로 갔다가 B로 오기	C로 갔다가 B로 오기
A로 갔다가 C로 오기	B로 갔다가 C로 오기	C로 갔다가 C로 오기

즉, 3(A로 갈 때)+3(B로 갈 때)+3(C로 갈 때)=3(갈 때 선택할 수 있는 경우)×3(올 때 선택할 수 있는 경우)=9(가지)

이것을 간단히 나뭇가지 모양으로 나타낼 수도 있다.

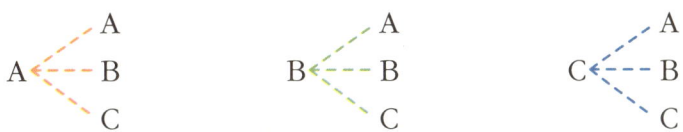

어떤 특정한 경우의 확률을 알아보자.

C코스로 갔다가 B코스로 온다면, 이 9가지 경우 가운데 1가지를 선택한 것이다. 따라서 이렇게 선택할 확률은 $\frac{1}{9}$이다.

그렇다면 갈 때든 올 때든 A코스를 거칠 확률은 얼마일까? A코스를 거치는 방법은 모두 5가지이다.

$A \rightarrow A$, $A \rightarrow B$, $A \rightarrow C$, $B \rightarrow A$, $C \rightarrow A$

따라서 확률은 $\frac{5}{9}$이다.

다음 문제를 풀어 보자.

1에서 4까지의 숫자가 각각 적힌 카드가 한 장씩 있을 때, 이 가운데 3장을 뽑아 만들 수 있는 세 자리 수는 몇 가지일까?

카드 4장 중에서 3장을 뽑는다는 것은 한 장을 버린다는 것과 같다. 따라서 먼저 4장 중에서 어느 카드를 버릴지 정한 다음, 남은 3장으로 세 자리 수를 만들면 된다. 모두 24가지의 경우가 나온다.

고른 카드	1 2 3 ❌4	1 2 ❌3 4	1 ❌2 3 4	❌1 2 3 4
세 자리 수	1 2 3 1 3 2 2 1 3 2 3 1 3 1 2 3 2 1	1 2 4 1 4 2 2 1 4 2 4 1 4 1 2 4 2 1	1 3 4 1 4 3 3 1 4 3 4 1 4 1 3 4 3 1	2 3 4 2 4 3 3 2 4 3 4 2 4 2 3 4 3 2

이 세 자리 수를 각각 적은 메모지를 통에 넣은 다음 한 장만 꺼낼 때, 3의 배수가 나올 확률은 얼마나 될까?

3의 배수는 3으로 나누어떨어지는 수이다. 어떤 수가 3의 배수인지 아닌지를 쉽게 알아내는 방법은 무엇일까? 세 자리 수의 각 숫자를 더했을 때 3의 배수가 되면 된다. 이 가운데에서 3의 배수는 모두 12가지다.

123, 132, 213, 231, 312, 321, 234, 243, 324, 342, 423, 432

따라서 3의 배수일 확률은 $\frac{12}{24}$, 즉 $\frac{1}{2}$이다.

확률의 조건

동전을 던지면 앞면이 나오거나 뒷면이 나온다. 그 밖의 경우는 거의 생기지 않는다.

"그런데 동전 옆에 접착제를 발라서 굴리면 설 수도 있어요."

물론 동전이 설 수도 있다. 실제로 동전에는 앞면, 뒷면 그리고 얇은 옆면이 있지만 수학에서는 옆면은 무시하고 앞면과 뒷면 2가지 경우만 있는 것으로 한다. 따라서 동전을 던졌을 때 앞면이 나오거나 뒷면이 나올 확률은 2가지 가운데 한 가지로, $\frac{1}{2}$이다.

주사위를 던졌을 때 나오는 눈은 1, 2, 3, 4, 5, 6으로 6가지이다. 한 개의 주사위를 던지면 어떤 눈이 가장 많이 나올까?

주사위를 단지 몇 번만 던졌을 때 1에서 6까지 골고루 나오지 않고 어느 한 눈만 나올 수는 있다. 하지만 주사위를 1000번쯤 던져 보면 1에서 6까지의 눈이 골고루 나오게 된다. 왜냐하면 주사위는 6개의 면이 모두 고른 정다면체이기 때문이다. 따라서 한 개의 주사위를 던질 때 나오는 눈은 1에서 6까지이고, 각 눈이 나올 확률은 $\frac{1}{6}$로 모두 같다.

그렇다면 우리 반 친구들이 수학 시험에서 100점 맞을 확률은 모두 똑같을까?

누구에게나 가능성은 있겠지만 각자의 실력이 서로 다르기 때문에 100점을 맞을 확률이 모두 다 똑같지는 않다. 날씨도 마찬가지다. 어제의 날씨는 맑았지만 오늘은 비나 눈이 올 수도 있고, 어제와 똑같이 맑을 수도 있다. 주사위처럼 각 눈이 나올 확률이 항상 정해져 있는 경우만 있는 것이 아니라 날씨와 같이 상황에 따라 다른 경우도 있다.

창의 융합 사고력

경우의 수는 모두 몇 가지?

다음과 같은 경기를 만들 때도 여러 가지 경우의 수를 구할 수 있다. 이 가운데에서 '후프 빨리 넘기', '허들 넘기', '장애물 통과하기'를 골라 순서대로 이어서 달리는 경기를 한다면 모두 몇 가지 경우를 만들 수 있을까?

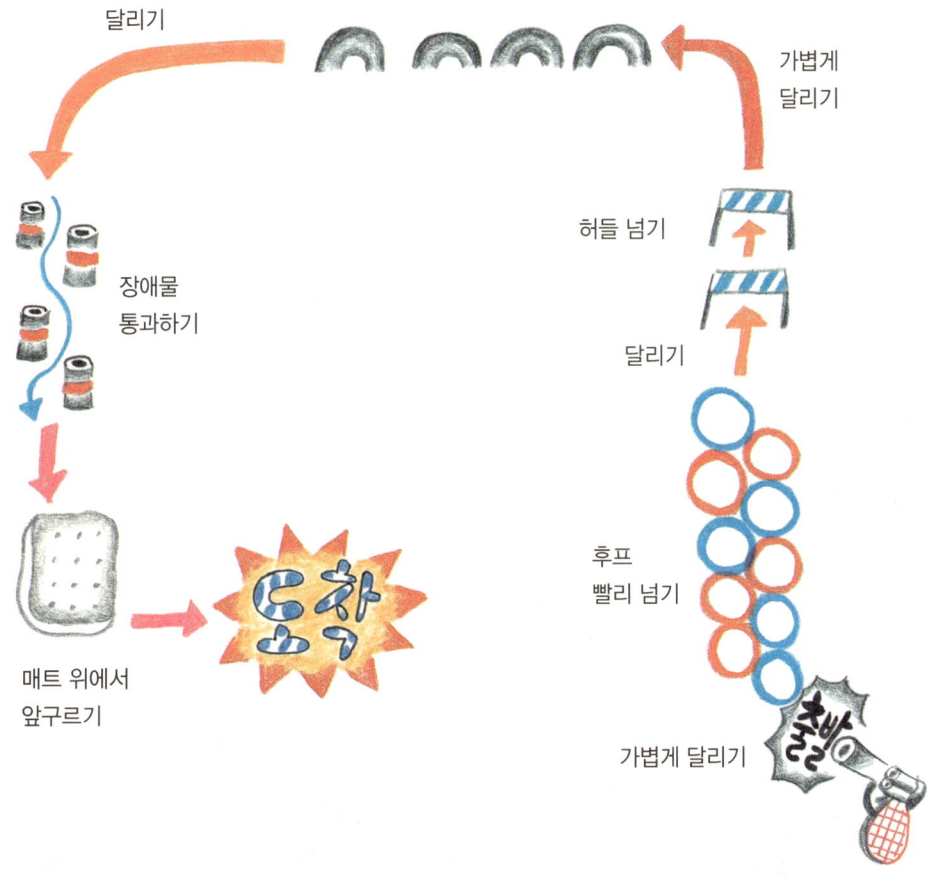

역사 속 수학

도박을 좋아한 수학자 카르다노

수학자 카르다노(Girolamo Cardano, 1501~1576)는 평소 도박에 관심이 많아서 확률에 대해 깊이 연구한 것으로 유명하다. 그때 수학자들은 대부분 평생을 수학 연구에만 매달렸다. 하지만 카르다노는 달랐다.

1501년 이탈리아의 파비아에서 태어난 카르다노는 처음에는 의학을 공부했다. 그는 의사가 되고 나서도 수학과 철학을 공부했으며, 나중엔 파비아 시의 시장직을 맡기도 했다.

카르다노는 도박에 관한 책도 썼다. 그 책에는 여러 가지의 게임 방법뿐만 아니라 속임수에 당하지 않는 비법도 실려 있었다고 한다. 그때 사람들은 내기를 할 때 수학적으로 따지기보다는 운에 맡겼다. 하지만 카르다노는 도박도 수학으로 풀었다.

'주사위 2개를 던져서 나온 수의 합에 내기를 건다면 어떤 수에 거는 것이 가장 유리할까?'

(1, 1) (1, 2) (1, 3) (1, 4) (1, 5) (1, 6)
(2, 1) (2, 2) (2, 3) (2, 4) (2, 5) (2, 6)
(3, 1) (3, 2) (3, 3) (3, 4) (3, 5) (3, 6)
(4, 1) (4, 2) (4, 3) (4, 4) (4, 5) (4, 6)
(5, 1) (5, 2) (5, 3) (5, 4) (5, 5) (5, 6)
(6, 1) (6, 2) (6, 3) (6, 4) (6, 5) (6, 6)

카르다노는 주사위 2개를 던져서 나올 수 있는 모든 경우를 일일이 써 보았다. 그 결과 두 눈의 합이 7일 때가 가장 많았다. 합이 2가 되는 경우는 1가지밖에 없으므로 합이 2가 될 확률은 $\frac{1}{36}$이다. 그런데 합이 7이 되는 경우는 6가지이므로 7이 나올 확률은 $\frac{6}{36}$, 즉 $\frac{1}{6}$이다.

카르다노는 '주사위 2개를 던져서 나온 수의 합에 내기를 건다면 7에 거는 것이 가장 유리하다.'는 결론을 내렸다.

최초의 주사위
초기의 주사위는 양이나 사슴의 발목에서 꺼낸 작고 네모난 뼈마디나 복사뼈로 만들었다.

10 비와 확률

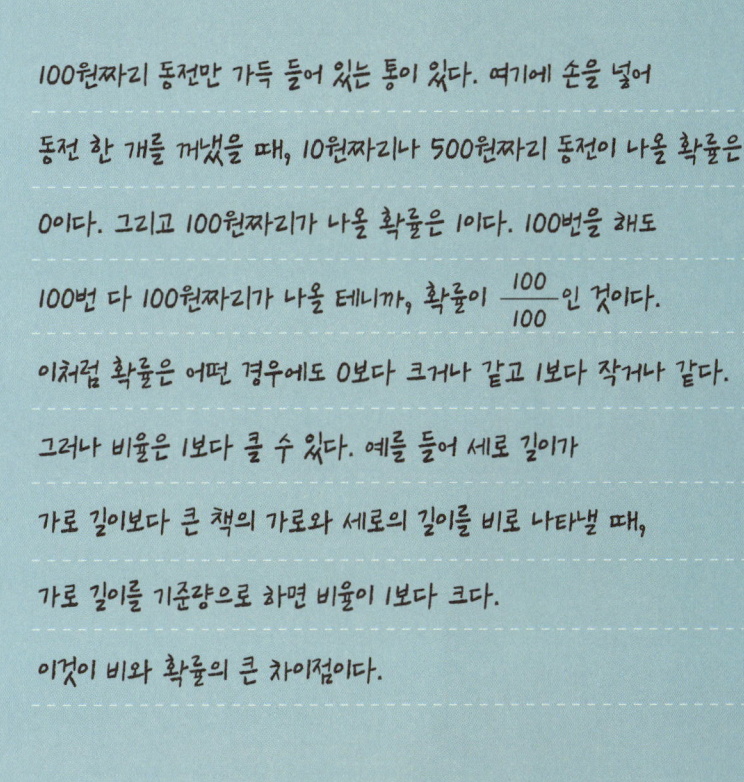

100원짜리 동전만 가득 들어 있는 통이 있다. 여기에 손을 넣어 동전 한 개를 꺼냈을 때, 10원짜리나 500원짜리 동전이 나올 확률은 0이다. 그리고 100원짜리가 나올 확률은 1이다. 100번을 해도 100번 다 100원짜리가 나올 테니까, 확률이 $\frac{100}{100}$인 것이다.

이처럼 확률은 어떤 경우에도 0보다 크거나 같고 1보다 작거나 같다.

그러나 비율은 1보다 클 수 있다. 예를 들어 세로 길이가 가로 길이보다 큰 책의 가로와 세로의 길이를 비로 나타낼 때, 가로 길이를 기준량으로 하면 비율이 1보다 크다.

이것이 비와 확률의 큰 차이점이다.

초등 6-1	중학 2-2
비와 비율	확률

스토리텔링 수학

로또 당첨 확률

평소 호기심 많은 재현이가 아빠한테 물었다.

"로또 복권은 어떻게 해야 1등이 돼요?"

"1에서 45까지의 숫자 가운데서 6개를 고르는 거야. 6개 숫자를 다 맞추면 1등이지."

"같은 숫자를 여러 번 써도 되나요?"

"안 되지. 두 번 이상 쓸 수 없단다."

"만약에 20, 21, 22, 23, 24, 25를 순서대로 썼는데 당첨 번호의 순서가 25, 24, 23, 22, 21, 20이면 떨어진 거예요?"

"순서는 관계 없고 6개 숫자와 일치하기만 하면 돼."

신문지에 뭔가를 끼적거리던 재현이가 입을 열었다.

"아빠, 6개 숫자를 고를 수 있는 경우는 모두 814만 5060가지예요. 그러니까 1등에 당첨될 확률은 $\frac{1}{8145060}$이란 거죠."

"뭐라고? 네가 그걸 어떻게 계산했니?"

"그건 비밀이에요! 로또 복권에 당첨될 확률은 우스갯소리로 한 사람이 벼락에 맞고 살아나서 다시 벼락을 맞을 확률이라고들 하잖아요."

"우리 아들이 제법인걸."

재현이는 어떻게 복권의 당첨 확률을 계산했을까?

①~⑤까지의 보기 가운데서 정답 2개를 고른다고 할 때, 정답이 ③, ⑤라고 하자. 이때 ⑤, ③이라고 쓰면 틀린 것일까? 순서에 관계없이 어떤 번호를 먼저 써도 된다. 하지만 '다음 중 가장 큰 수와 가장 작은 수를 순서대로 써라. ①123 ②300 ③507 ④444 ⑤107' 같은 문제에서는 ③, ⑤만 정답이고, ⑤, ③은 정답이 될 수 없다. 가장 큰 수를 먼저 쓰고, 가장 작은 수를 나중에 써야 하기 때문이다.

이처럼 순서가 바뀌어도 한 가지 경우로 보아야 할 때가 있고, 순서가 다르면 다른 경우로 보아야 할 때가 있다.

개념과 원리
비와 확률의 관계

순서가 달라지면 다르게 보는 경우

1에서 5까지의 수 가운데 3개 수를 뽑아 일렬로 늘어놓는 방법은 몇 가지일까? 나열된 순서가 다른 경우까지 모두 포함하면 60가지다.

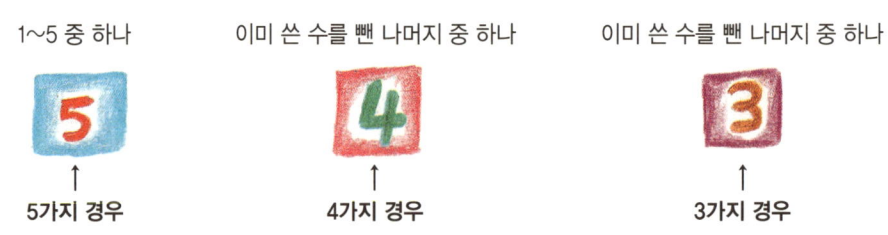

$5 \times 4 \times 3 = 60$

1, 2, 3 ↓	1, 2, 4 ↓	1, 2, 5 ↓	1, 3, 4 ↓	1, 3, 5 ↓	1, 4, 5 ↓	2, 3, 4 ↓	2, 3, 5 ↓	2, 4, 5 ↓	3, 4, 5 ↓
123	124	125	134	135	145	234	235	245	345
132	142	152	143	153	154	243	253	254	354
213	214	251	314	315	415	314	352	425	453
231	241	215	341	351	451	341	325	452	435
321	421	512	413	513	514	413	523	524	534
312	412	521	431	531	541	431	532	542	543

순서가 달라져도 한 가지로 보는 경우

하지만 나열된 숫자의 순서와 상관없이 세 수를 뽑을 때의 경우의 수는 지금 구한 경우의 수의 $\frac{1}{6}$이다(세로줄의 6가지 경우는 결국 1가지 경우이기 때문이다). 곧 순서가 달라도 한 가지로 보는 경우의 가짓수는 순서를 다르게 본 모든 경우의 수(60)를 6으로 나눈 $\frac{60}{6}$이다. 따라서 1에서 5까지의 수에서 순서에 상관없이 3개 수를 뽑는 경우의 수는 10가지이다.

1에서 45까지의 수 가운데 6개 수를 뽑는 경우의 수도 이와 같은 방법으로 구하면 된다. 6개 수의 순서가 다른 경우까지 모두 구하면 58억 6444만 3200가지이다. 하지만 먼저든 나중이든 수를 뽑는 순서는 상관이 없이 어떤 수를 뽑았는지의 경우의 수를 구해야 한다.

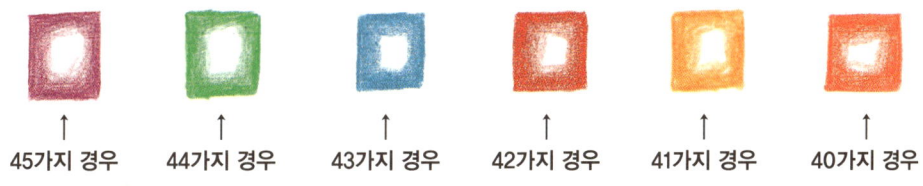

↑　　↑　　↑　　↑　　↑　　↑
45가지 경우　44가지 경우　43가지 경우　42가지 경우　41가지 경우　40가지 경우

$$45 \times 44 \times 43 \times 42 \times 41 \times 40 = 5864443200$$

6개의 수가 서로 다른 순서로 나열되는 경우는 720($6 \times 5 \times 4 \times 3 \times 2 \times 1 = 720$)가지이다. 720가지 경우는 수는 같지만 수를 늘어놓는 순서가 다른 경우이다. 순서가 달라도 된다면 720가지를 1가지로 보아야 한다. 따라서 전체 가짓수를 720으로 나누어야 한다.

$\frac{5864443200}{720} = 8145060$이므로 모든 가짓수는 8145060이고, 그 가운데 하나의 수가 당첨 번호이다. 따라서 당첨 확률은 $\frac{1}{8145060}$이다.

비율과 확률

비교를 할 때는 부분끼리 비교할 수도 있고, 전체와 부분을 비교할 수도 있다.

꽃병에 꽃 15송이가 있다고 하자. 이 가운데 장미와 튤립의 비는 3:4이므로, 튤립에 대한 장미의 비율은 $\frac{3}{4}$이다.

전체 꽃을 기준으로 비교하면, 전체 꽃과 장미의 비는 15:3이므로, 전체 꽃에 대한 장미의 비율은 $\frac{3}{15}$, 곧 $\frac{1}{5}$이다.

전체 꽃과 튤립의 비는 15:4이므로, 전체 꽃에 대한 튤립의 비율은 $\frac{4}{15}$이다.

눈을 감고 꽃병에서 꽃 한 송이만 꺼낼 때, 장미가 나올 확률은 얼마일까? 꽃이 모두 15송이인데 그 가운데 3송이가 장미이므로 전체 경우는 15가지, 장미를 꺼낼 경우는 3가지이다. 따라서 확률은 $\frac{3}{15}$이다.

마찬가지로 눈을 감고 꽃 한 송이만 꺼낼 때, 튤립이 나올 확률은 $\frac{4}{15}$이다.

비율과 확률은 관계가 있을까, 없을까? 물론, 관계가 있다!
똑같은 상황에서 질문만 바꿔 보자.

우리 반 아이들의 혈액형은 다음과 같다.

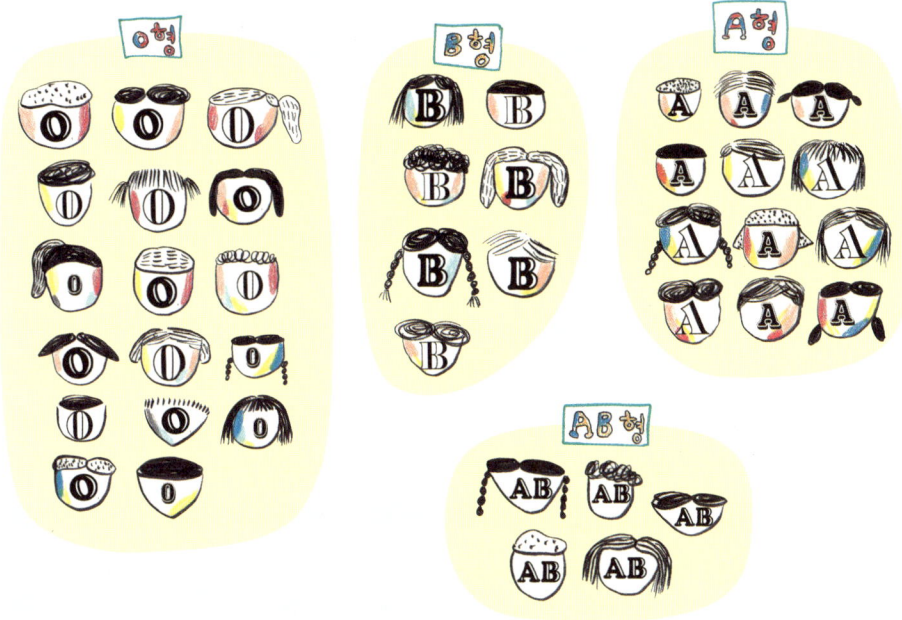

- 우리 반 전체 아이들 수에 대한 O형인 아이들의 비율은 얼마인가? $\dfrac{17}{41}$
- 우리 반의 어떤 아이가 O형일 확률은 얼마인가? $\dfrac{17}{41}$

우리 반 학생 28명 가운데 안경을 낀 학생은 17명이다.

- 우리 반 학생 수에 대한 안경을 낀 학생의 비율은 얼마인가? $\frac{17}{28}$
- 우리 반 학생 한 명이 안경을 낄 확률은 얼마인가? $\frac{17}{28}$

주머니 안에 파란 구슬 18개, 노란 구슬 12개가 들어 있다.

- 전체 구슬에 대한 노란 구슬의 비율은 얼마인가? $\frac{12}{30}=\frac{2}{5}$
- 구슬을 1개 꺼낼 때 노란 구슬이 나올 확률은 얼마인가? $\frac{12}{30}=\frac{2}{5}$

비와 확률은 분수로 나타낼 수 있다. 또한 확률은 비율이다. 이처럼 비, 분수, 확률은 서로 관련되어 있다.

비와 확률의 커다란 차이점은, 비를 분수로 나타낼 때 비율은 1보다 클 수 있지만 확률은 1보다 클 수 없다는 것이다. 왜냐하면 확률은 일어날 수 있는 모든 경우에 들어 있는 일부 경우의 수를 구하는 것이어서 분자가 분모보다 클 수 없기 때문이다.

꽃병에 장미꽃만 있다면 어떤 꽃을 꺼내더라도 장미이므로 전체 꽃 가운데서 장미를 꺼낼 확률은 1이다. 만약 장미꽃이 한 송이도 없는 꽃병에서 꽃을 꺼낸다면 장미를 꺼낼 확률은 0이다. 따라서 확률은 어떤 경우에도 0보다는 크거나 같고 1보다는 작거나 같다.

5가 나올 확률은?

창의 융합 사고력

첫 번째 원판의 바늘을 돌려 4가 나올 확률은 $\frac{1}{4}$이다. 두 번째 원판의 5가 나올 확률은 얼마인지 구하고, 풀이 방법을 설명해 보자.

역사 속 수학

천재 수학자 파스칼

파스칼
프랑스의 수학자, 물리학자, 철학자였으며 원뿔 곡선론, 확률론, 파스칼의 원리를 발견했다.

파스칼(Blaise Pascal, 1623~1662)은 세 살 때 어머니를 잃고 아버지 손에서 자랐다. 아버지의 정성 어린 보살핌과 열린 교육은 파스칼이 훌륭한 수학자로 성장하는 데 밑거름이 되었다.

파스칼의 아버지는 너무 많은 지식을 일찍 배우는 것은 교육적이지 않다고 생각해 자연 속에서 놀면서 살아 있는 공부를 하도록 해 주었다. 그 덕분에 파스칼은 열두 살 때 "삼각형의 내각의 합은 180°이다."라는 사실을 스스로 발견했고, 접시를 두들기며 놀다가 소리에 관해 연구해서 논문을 발표하기도 했다.

파스칼은 확률과 관련해서도 유명한 일화를 남겼다. 어느 날, 한 친구가 파스칼을 찾아와 물었다.

"A, B 두 사람이 각각 금화 32냥을 걸고 가위바위보를 한다고 하자. 한 번 이기면 1점을 얻는데, 먼저 3점을 얻는 사람이 금화 64냥을 모두 갖는 거야. 그런데 A가 2점, B가 1점을 얻었을 때 게임이 중단되었다면 64냥을 어떻게 나누어 가지는 게 공평할까?"

파스칼은 친구에게 이렇게 말했다.

"만약 한 번 더 게임이 진행되었다고 생각해 봐. 그 게임에서 A가 이길 수도 있고, B가 이길 수도 있겠지. A가 이기면 A가 3점을 얻게 되어 3:1로 게임이 끝나지. 그러면 A가 64냥을 모두 갖고, B는 하나도 가질 수 없게 되겠군.

반대로 B가 이기면 어떻게 될까? 2:2로 동점이 되고, 이때 게임을 끝낸다면 둘이서 32냥씩 나누어 가지면 되지. 그런데 만약 한 번 더 게임을 한다면 A가 이길 확률은 또 $\frac{1}{2}$이야.

그런데 동점이 된 다음에도 게임을 계속했다고 치자고. 이때 A가 이기면 3:2로 A가 승리하지만, B가 이기면 2:3으로 역전되어 B의 승리로 끝나지. 그런데 이건 동점이 된 이후에 일어날 수 있는 일이잖아. 따라서 A가 이길 확률은 $\frac{1}{4}$이 돼.

$$\frac{1}{2}(\text{동점이 될 확률}) \times \frac{1}{2}(\text{A가 이길 확률}) = \frac{1}{4}(\text{동점이 된 후에 A가 이길 확률})$$

따라서 앞으로 A가 이길 확률은 $\frac{1}{2}$과 $\frac{1}{4}$을 더한 $\frac{3}{4}$이 되지. 그러니까 A가 전체 금액의 $\frac{3}{4}$인 금화 48냥을 가지면 공정한 거야."

파스칼이 그려진 지폐
유로화 이전에 사용된 프랑스 화폐로, 500프랑에는 파스칼의 모습이 그려져 있었다.

파스칼이 발명한 '파스칼린' 계산기

1 곱셈

31쪽 창의 융합 사고력

1이 10개가 넘으면 받아올림을 하므로, 더 이상 대칭 모양이 되지 않는다.
11111111111 × 11111111111을 세로셈으로 계산하면 다음과 같다.

$$
\begin{array}{r}
11111111111 \\
\times\,11111111111 \\
\hline
\end{array}
$$

```
                    1 1 1 1
                    1 1 1 1 1 1 1 1 1 1 1
                  1 1 1 1 1 1 1 1 1 1 1
                1 1 1 1 1 1 1 1 1 1 1
              1 1 1 1 1 1 1 1 1 1 1
            1 1 1 1 1 1 1 1 1 1 1
          1 1 1 1 1 1 1 1 1 1 1
        1 1 1 1 1 1 1 1 1 1 1
      1 1 1 1 1 1 1 1 1 1 1
    1 1 1 1 1 1 1 1 1 1 1
  1 1 1 1 1 1 1 1 1 1 1
1 1 1 1 1 1 1 1 1 1 1
─────────────────────────────
1 2 3 4 5 6 7 9 0 1 2 0 9 8 7 6 5 4 3 2 1
```
받아올림이 일어난다.

받아올림 때문에 아랫자리에서 1씩 커지던 규칙이 깨진다.

11111111111 × 11111111111 = 123456790120987654321

2 나눗셈

47쪽 창의 융합 사고력

예를 들면 다음과 같다.
- 커다란 통에 들어 있는 12L의 물을 한 컵에 $\frac{1}{2}$L씩 나누어 담으려면 컵이 몇 개 필요할까?
- 12m짜리 밧줄을 $\frac{1}{2}$m씩 잘라내면 모두 몇 조각이 될까?
- 12kg은 $\frac{1}{2}$kg의 몇 배일까?

3 혼합 계산

61쪽 창의 융합 사고력

풀이 1

'우유 100g → 세수 3분 → 식탁에 30분 동안 앉아 있기 → 밥 100g+김치 50g+불고기 200g → 자전거 타기 5분 → 초콜릿 50g → 낮잠 1시간 → 과자 100g'을 에너지로 바꿔 차례대로 계산한다.

69.0−(2.4×3)−(1.4×30)+148.0+(18.0÷2)+(136.0×2)
−(10.8×5)+(549.0÷2)−(1.0×60)+523.0=1132.3(kcal)

풀이 2

얻은 에너지에서 사용한 에너지를 뺀다.

얻은 에너지	사용한 에너지
우유 100g : 69.0	세수할 때 : 2.4×3=7.2
밥 100g : 148.0	밥을 먹느라 식탁에 앉아있을 때 : 1.4×30=42.0
김치 50g : 9.0	자전거 타기 : 10.8×5=54.0
불고기 200g : 272.0	낮잠 : 1.0×60=60.0
초콜릿 50g : 274.5	합계 : 163.2kcal
과자 100g : 523.0	
합계 : 1295.5kcal	

따라서 남은 에너지는 1295.5−163.2=1132.3(kcal)이다.

실제로는 더 많이 움직였을 테지만, 이 글에 나온 조건만으로 계산한 것이다.

4 약수와 배수

79쪽 창의 융합 사고력

가로줄과 세로줄 가운데 하나를 택하되, 그 줄의 수가 2개 써 있는 경우를 보아야 문제를 풀기 쉽다.

먼저, 두 번째 가로줄에서 6과 12의 공약수는 얼마인가? 1, 2, 3, 6이다.

이번엔 두 번째 세로줄에서 6과 14의 공약수는 얼마인가? 1, 2이다. 이 수들 가운데 서로 곱해서 6이 되는 수, 2와 3을 빈 칸에 적는다. 이런 식으로 빈 칸을 채워 나간다.

✕	9	8	3	4
5	45	40	15	20
2	18	16	6	8
6	54	48	18	24
7	63	56	21	28

✕	2	3	4	5
3	6	9	12	15
6	12	18	24	30
7	14	21	28	35
13	26	39	52	65

5 비와 비교

94쪽 창의 융합 사고력

① 연간 1인당 쌀 소비량은 1970년에 가장 많았으며, 그 이후로 점점 줄어들고 있다. 연간 1인당 육류 소비량은 1965년 이후로 계속 늘어나고 있다.

② 그래프가 곧은 직선이 아니라 꺾여 있으므로, '비' 관계가 있다고 볼 수 없다.

95쪽 톡톡 수학 게임

6×2+6×2+2=26

6×2+6×2+1×2=26

6×2+5×2+4=26

6×2+5×2+2×2=26

6×2+4×2+6=26

6×2+4×2+3×2=26

5×2+5×2+6=26

5×2+5×2+3×2=26

5×2+4×2+4×2=26

다트 3개를 던져 합이 26이 되는 경우는 모두 9가지이다.

6 비

110쪽 창의 융합 사고력

서울특별시 : $\dfrac{161}{985}$=0.163

경기도 : $\dfrac{222}{1034}$=0.214

부산광역시 : $\dfrac{58}{351}$=0.165

세 나라 가운데 2005년도 15세 미만 인구수 비율이 가장 높은 도시는 경기도이다.

111쪽 톡톡 수학 게임

5명이 5m의 땅을 파는 데 5시간이 걸리면, 5명이 10m의 땅을 파는 데는 10시간이 걸린다.

이와 같이 5명이 할 수 있는 일의 양을 표로 나타내 보자.

시간	5	10	15	20	…	100
땅의 깊이(m)	5	10	15	20	…	100

따라서 100시간을 들여서 100m를 파는 데는 최소한 5명이 필요하다.

7 비율 표현하기

126쪽 창의 융합 사고력

가게 주인이 사과를 사 온 가격은 1개당 1000원이다. 이것을 1200원에 팔면 200원의 이익이 생긴다. 그런데 1200원에 팔다가 20%를 할인했다면 사과 값의 80%만 받는다는 것이다.

따라서 할인된 가격은 $1200 \times \dfrac{80}{100} = 960$원이다.

결국, 1000원에 사 온 물건을 960원에 판 셈이므로, 가게 주인은 40원 손해를 보게 된다.

127쪽 톡톡 수학 게임

주사위의 눈은 마주 보는 눈끼리 더하면 7이 된다. 그림을 보면 가장 위와 가장 아래에 있는 주사위가 같다는 것을 알 수 있다. 따라서 가장 아래에 있는 주사위 밑면의 눈은 '5'이다.

8 비례식과 함수

142쪽 창의 융합 사고력

밀가루	녹차가루	소금	버터	슈거 파우더
220g	8g	4g	225g	35g
440g	4g	8g	450g	70g
110g	4g	2g	112.5g	17.5g
500g	18.18g	9.09g	5625g	79.55g

143쪽 톡톡 수학 게임

먼저, 양을 데리고 강을 건넌다. 양을 건너편에 놓아 두고 되돌아와서 여우를 데리고 건너간다. 여우를 건너편 강변에 놓아 두고 양을 데리고 돌아온다. 양을 두고 양배추를 가지고 건너가서 강변에 두고 되돌아와서 양을 데리고 건너면 된다.

9 확률

157쪽 창의 융합 사고력

후프 빨리 넘기 – 허들 넘기 – 장애물 통과하기
후프 빨리 넘기 – 장애물 통과하기 – 허들 넘기

허들 넘기 – 후프 빨리 넘기 – 장애물 통과하기

허들 넘기 – 장애물 통과하기 – 후프 빨리 넘기

장애물 통과하기 – 후프 빨리 넘기 – 허들 넘기

장애물 통과하기 – 허들 넘기 – 후프 빨리 넘기

모두 6가지이다.

10 비와 확률

169쪽 창의 융합 사고력

두 번째 원판의 5가 나올 확률은 $\frac{1}{4}$이다.

언뜻 칸의 수를 세면 될 것 같다. 과연 그럴까?

자세히 보면 칸의 간격이 다르다.

5가 있는 칸은 두 대각선으로 이루어진 부분으로서 전체의 $\frac{1}{4}$이다.

수학 개념 연결 트리

- 초등학교 전 과정에서 배우는 수학의 개념들을 연결시켜 놓은 나무 모양의 표입니다.
- 교과서 속 수학 단원이 학년별 영역별로 어떻게 이어지는지 한눈에 알 수 있습니다.
- 초등학교 수학이 중학교 고등학교 수학으로 어떻게 뻗어 나가는지 확인할 수 있습니다.
- 교과서 속 단원이 《지금 하자! 개념 수학》의 어느 단원에 들어 있는지 찾아볼 수 있습니다.

예습할 때 활용하기

지금 공부하는 내용이 앞으로 어떤 단원과 연결되는지를 확인하고,
미래에 배울 내용의 예습이 된다는 점을 확실히 알 수 있어요.
오늘 배운 단원의 뿌리와 줄기, 가지를 알게 되면 흔들리지 않고 공부할 수 있어요.

복습할 때 활용하기

수학 공부를 하다 보면 앞에서 배운 내용 중에 살짝 놓친 단원이나 개념이 생깁니다.
이런 순간에 대체 어디서부터 다시 공부해야 할지 모르겠다면
수학 개념 연결 트리를 펼쳐 보세요.
지금의 문제와 직접 연결되는 개념을 거슬러 올라가
바로 거기서 다시 시작하면 놓친 개념도 빨리 따라잡을 수 있습니다.

수학 개념 연결 트리

수

단계	단원	연결
중학 1-1	정수와 유리수	1권 10장 0과 음수 / 2권 3장 혼합 계산
중학 1-1	자연수의 성질	1권 6장 큰 수 / 2권 4장 약수와 배수
초등 5-1	약수와 배수	2권 4장 약수와 배수
초등 5-1	약분과 통분	2권 4장 약수와 배수
초등 4-1	큰 수	1권 4장 수 읽기 / 1권 5장 자릿값 / 1권 6장 큰 수
초등 3-2	분수	1권 8장 분수
초등 3-1	분수와 소수	1권 5장 자릿값 / 1권 6장 큰 수 / 1권 8장 분수 / 1권 9장 소수
초등 2-2	네 자리 수	1권 4장 수 읽기 / 1권 5장 자릿값
초등 2-1	1000까지의 수	1권 3장 수와 숫자 / 1권 5장 자릿값
초등 1-2	100까지의 수	1권 4장 수 읽기 / 1권 5장 자릿값
초등 1-1	50까지의 수	1권 3장 수와 숫자 / 1권 5장 자릿값
초등 1-1	9까지의 수	1권 1장 수 이야기 / 1권 2장 셈과 짝짓기 / 1권 3장 수와 숫자 / 1권 4장 수 읽기

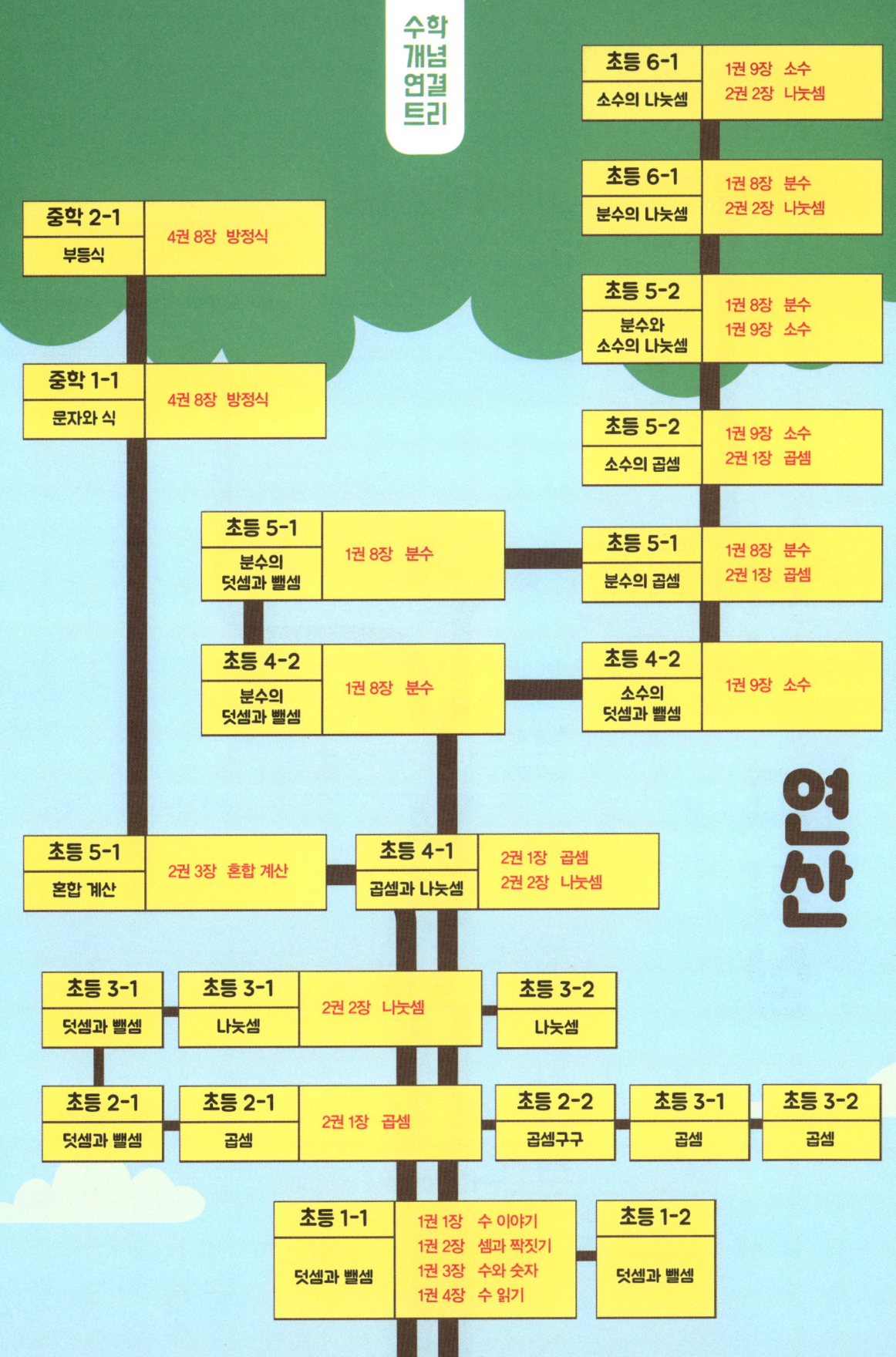

수학 개념 연결 트리

중학 1-1 / 함수
- 2권 8장 비례식과 함수
- 4권 9장 대응
- 4권 10장 함수

초등 6-2 / 비례식과 비례배분
- 2권 6장 비
- 2권 7장 비율 표현하기
- 2권 8장 비례식과 함수

초등 6-1 / 비와 비율
- 2권 5장 비와 비교
- 2권 6장 비
- 2권 8장 비례식과 함수
- 2권 10장 비와 확률

규칙성

초등 4-1 / 규칙 찾기
- 3권 10장 도형과 계산

초등 2-2 / 규칙 찾기
- 3권 10장 도형과 계산
- 4권 9장 대응
- 4권 10장 함수

초등 1-2 / 규칙 찾기
- 4권 9장 대응

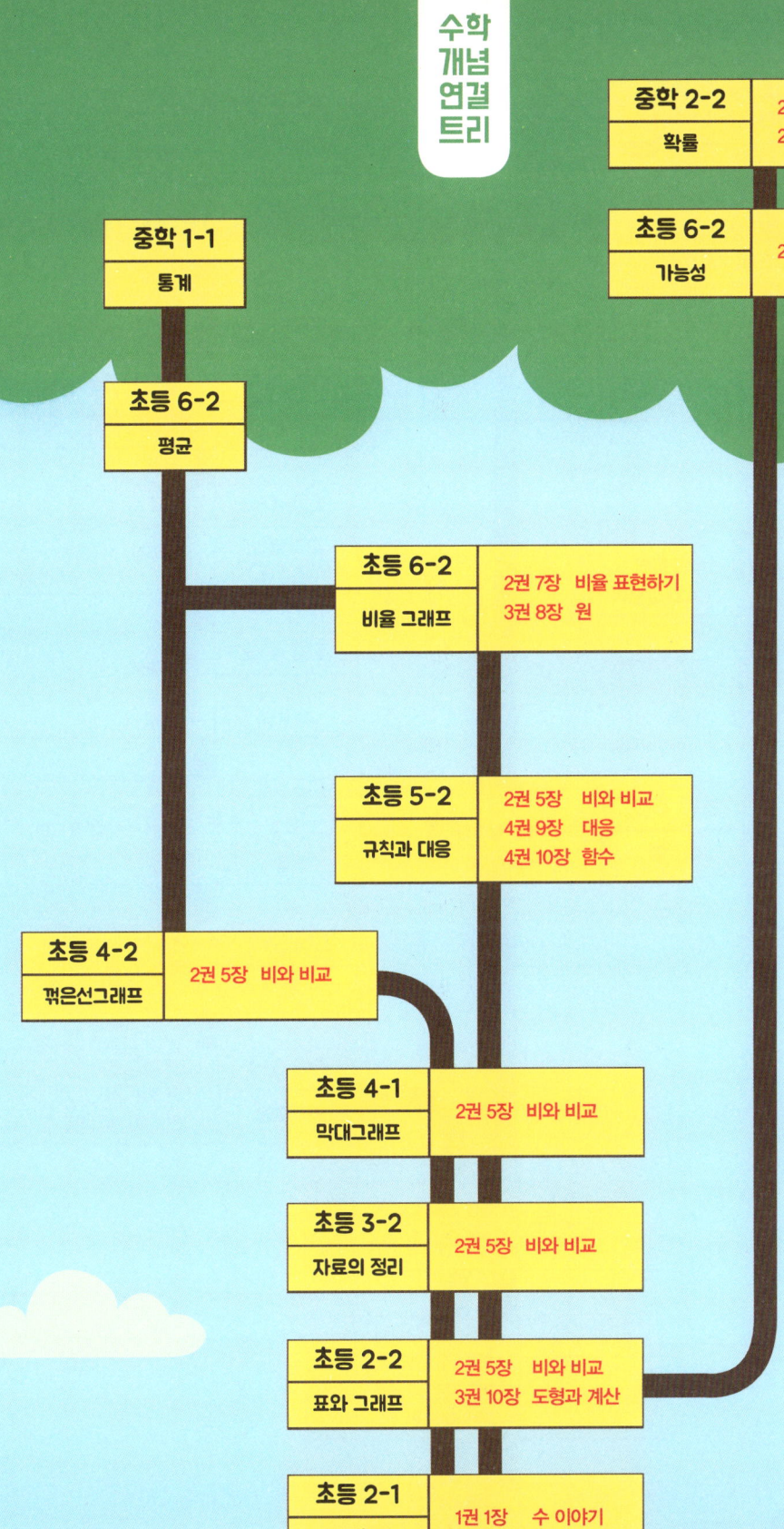

수학 개념 연결 트리

도형

중학 1-2 입체도형
- 3권 7장 다면체
- 3권 9장 회전체
- 4권 7장 입체도형의 부피와 겉넓이

중학 1-2 기본 도형
- 3권 1장 면
- 3권 3장 각
- 3권 5장 삼각형

초등 6-2 원기둥, 원뿔, 구
- 3권 7장 다면체
- 3권 9장 회전체
- 4권 7장 입체도형의 부피와 겉넓이

중학 2-2 피타고라스 정리
- 3권 5장 삼각형
- 4권 4장 길이와 거리, 그리고 높이

초등 6-2 쌓기나무

초등 5-2 합동과 대칭
- 4권 1장 도형 움직이기
- 4권 2장 닮음과 합동

초등 6-1 각기둥과 각뿔
- 3권 7장 다면체
- 4권 7장 입체도형의 부피와 겉넓이

초등 4-2 다각형과 모양 만들기
- 3권 4장 다각형
- 3권 6장 사각형

초등 5-1 직육면체
- 3권 2장 선
- 3권 7장 다면체

초등 4-2 여러 가지 사각형
- 3권 2장 선
- 3권 6장 사각형

초등 4-2 삼각형
- 3권 5장 삼각형

초등 4-1 평면도형의 이동
- 4권 1장 도형 움직이기

초등 3-2 원
- 3권 8장 원

초등 3-1 평면도형
- 3권 2장 선
- 3권 3장 각
- 3권 5장 삼각형

초등 2-1 여러 가지 도형
- 3권 4장 다각형
- 3권 8장 원

초등 1-2 여러 가지 모양
- 3권 4장 다각형
- 3권 5장 삼각형
- 3권 6장 사각형
- 3권 8장 원

초등 1-1 여러 가지 모양
- 3권 1장 면
- 3권 7장 다면체
- 3권 9장 회전체

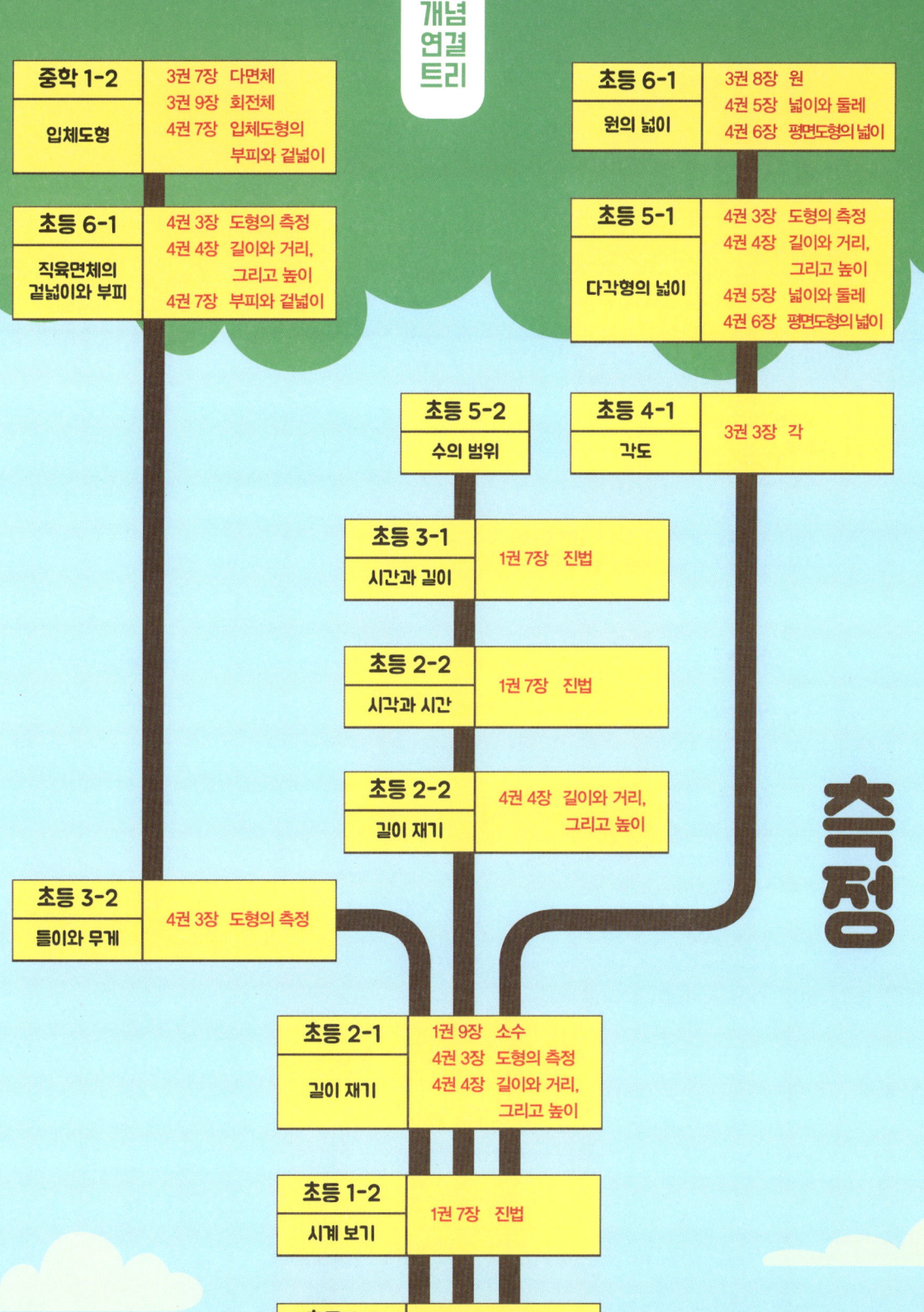

지은이 | 강미선

초판 1쇄 발행일 2006년 11월 6일
개정판 1쇄 발행일 2016년 11월 21일
개정판 2쇄 발행일 2017년 4월 17일

발행인 | 김학원
경영인 | 이상용
편집주간 | 정미영
기획·편집 | 박민영
디자인 | 김태형 유주현 구현석 박인규 한예슬
마케팅 | 이한주 김창규 이정인 함근아
저자·독자서비스 | 조다영 윤경희 이현주(humanist@humanistbooks.com)
스캔·출력 | 이희수 com.
용지 | 화인페이퍼
인쇄 | 삼조인쇄
제본 | 정성문화사

발행처 | 휴먼어린이
출판등록 | 제313-2006-000161호(2006년 7월 31일)
주소 | (03991) 서울시 마포구 동교로23길 76(연남동)
전화 | 02-335-4422 팩스 | 02-334-3427
홈페이지 | www.humanistbooks.com

글 ⓒ 강미선, 2006
ISBN 978-89-6591-324-5 74410
ISBN 978-89-6591-322-1 74410(세트)

만든 사람들

편집주간 | 정미영
편집 | 이영란 박민영(pmy2001@humanistbooks.com)
일러스트 | 이지은
디자인 | 유주현 디자인시

- 이 책은 《행복한 수학 초등학교 2》의 개정판입니다.
- 이 도서의 국립중앙도서관 출판예정도서목록(CIP)은 서지정보유통지원시스템 홈페이지(http://seoji.nl.go.kr)와
  국가자료공동목록시스템(http://www.nl.go.kr/kolisnet)에서 이용하실 수 있습니다. (CIP제어번호: CIP2016024535)
- 이 책은 저작권법에 따라 보호받는 저작물이므로 무단 전재와 무단 복제를 금합니다.
- 이 책의 전부 또는 일부를 이용하려면 반드시 저작권자와 휴먼어린이 출판사의 동의를 받아야 합니다.
- 사용연령 8세 이상 종이에 베이거나 긁히지 않도록 조심하세요. 책 모서리가 날카로우니 던지거나 떨어뜨리지 마세요.